幸福是一种心态

夏沫／著

中国商业出版社

图书在版编目 (CIP) 数据

幸福是一种心态 / 夏沫著 . —北京：中国商业出版社，2015.4

ISBN 978- 7 -5044 - 8950 - 0

Ⅰ . ①幸… Ⅱ . ①夏… Ⅲ . ①幸福—通俗读物 Ⅳ . ① B82-49

中国版本图书馆 CIP 数据核字 (2015) 第 070565 号

责任编辑：朱丽丽

中国商业出版社出版发行

010-63180647 www.c-cbook.com

（100053北京广安门内报国寺1号）

新华书店总店北京发行所经销

北京市京东印刷厂印刷

*

710×1000毫米 16开 14印张 163千字

2015年7月第1版 2015年7月第1次印刷

定价：32.00元

* * * *

（如有印装质量问题可更换）

序言

Preface

谁遇见了谁，谁珍惜了谁

从古至今，若说有什么东西从未淡出人们的关注，那一定是爱情。人人都渴望爱情，人人都离不开爱情，人人的幸福又往往和爱情是联系在一起的。

那么，爱情到底是什么呢?

相信一千个人会有一千种解释。懂得在生活的细节上欣赏对方的一举一动，一颦一笑，这是爱情；能细心体会对方为自己所做的一切，并感激他（她），这也是爱情；承认两人都不完美，接纳彼此的缺点，让对方做真正的自己，给对方成长的空间与机会，这更是真爱的表现……其实这些都可以用一句话来代替：爱情，就是要彼此珍惜！

也许我们都曾被告知："在这个世界上总有一个人在等你，无论你在什么地方，无论是什么时候，反正总有那么一个人。"事实上，那些所谓的"总有一个人属于你"，不过是文学艺术化的理想。现实中的情况是：没有谁生来就属于你，也没有谁注定是谁的。在爱情这场亘古不变的追逐里，其实没有谁是谁的谁，只有谁遇见了谁，谁珍惜了谁。

茫茫人海里，原本陌生的两个人可以成为爱人，着实不易，理应好好相爱，共度一生。这种百年好合的境界，不能光靠运气与缘分，而必须以“努力学习”“不断成长”的方式来处理。否则，即使你遇到一个当时认为非常登对的人，只要一方或者双方在后来的日子里不珍惜，相爱也会变成相互折磨、相互伤害，对的人也可能变成错的人，现实中那些支离破碎、岌岌可危的婚姻并不在少数。所以爱情从来都是一种互动的关系，并不是单方面看一个人好不好、够不够优秀，而是看两个人在一起的时候是否相互珍惜。

相互珍惜的人，因为懂得相互付出、互相关怀，都愿意舍掉自己心爱的东西去送给对方一份合意的礼物；相互珍惜的人，因为懂得相互容忍、相互理解，都愿意放弃自己的一部分，来成全对方的好；相互珍惜的人，因为懂得相互守护、相互支持，都愿意对自己的承诺负责，来给予对方一辈子的幸福……一份长久的爱情，无非就是“珍惜”二字。学会了珍惜，并找到一个珍惜自己的人，你离幸福就不远了。

谨以此书，献给更多寻找幸福的人。

Contents

目录

第一章　选择你爱的，爱你所选择的

第二章　沟通，请用对方世界的语言

第五章　两个人的未来，两个人创造

第六章　情外谈情，你玩不起的浪漫

第七章　两个人的爱，两个家庭的情

第一章
选择你爱的，爱你所选择的

找到并抓住那个陪你走完这辈子的人

结婚，是爱情在现实生活中的真实存在，它不是虚无缥缈的，而是活生生存在于日常琐事中，由此构成了温馨的人生画卷。只有本着结婚目标而去的恋爱，才会让心灵舒畅。因此，在人的生理年龄和心理年龄都达到最佳状态的时候，男人、女人最大的任务之一就是找到一个陪自己走完这辈子的人，所有努力都奔着这个人、这个目标去，这样才会避免在情感的沼泽里迷失方向而浪费时间，这样才可以在最后一刻收获自己的完美婚姻。

那么，如何选择另一半，应该坚持怎样的标准，在什么情况下应该退让等，这里面大有学问。

有一对双胞胎姐妹，她们外貌、性格都差不多，但是两个人的婚姻生活却大相径庭。姐姐总是担心嫁不出去，于是碰到了一个条件稍好的男人，就抓紧时间考核对方。看到这个人各方面条件都不错，她就立刻抓住了他的心，在20几岁就把自己嫁出去了，过上了幸福的生活。

妹妹给自己未来的老公设定了一个很高的期望值，其中包括身高、肤色、性格、学历、收入等都要符合标准才行。结果，对方要么这里有瑕疵，要么那里不符合条件，妹妹见了一个又一个男人，转眼过了30岁，仍旧孑然一身。后来，她经受不住内心的压力，匆匆选择了一个人结婚。这种盲目行动的结果是，两个人婚后争吵不断，很快就离婚了。

茫茫人海中，挑对爱人有时就像中六合彩那样难，我们应该给自己设定一个最低期望值。在这个底线基础上尽量拔高，才会有更多选择机会。永远不要期望太过优秀的那些人，最好的未必适合你，找对人才是关键。而一旦选对，一生的幸福也便有了最好的保障。

那么，能给自己下半辈子幸福的爱人有什么特征呢？

对于女人来说，爱人必须能兼顾事业和家庭。男人绝对不能没有事业心，但如果他的事业心太重，用在家庭和你身上的心思就会很少，你要他陪你逛街，他说没意思；你要他陪你看电影，他说没时间。他事业取得了成功，你也跟着风光，但那是别人看到的，别人看不到的是漫漫时光里你的寂寞。只有那些事业心不是过重的男人，才懂得对你体贴入微，宠爱有加。此外，值得以身相许的男人还要对你有更多宽容、体贴，哪怕他们在某些地方不尽如人意。如果对方把你看成是一个永远长不大、最不懂事的孩子，凡事为你瞎操心；如果对方不太在乎你的容貌，而是看重你的内在气质，善于发现你的优点与魅力，那么这样的男人可以托付一生。

对于男人来说，一位可以相濡以沫的好女人，应该具有以下特点：她不仅温柔、体贴，而且善解人意，能够给男人提供必要的支持，懂得帮他创造成功的条件。起码，在家庭里，好女人会扮演好妻子、儿媳与母亲的角色，不让男人有后顾之忧。如果能帮助男人建立起良好的人际关系，进而使其获得事业上的成功，更是弥足珍贵的。尤其是当男人面临巨大挑战的时候，女人要坚定地站在他身后摇旗呐喊，陪伴男人度过坎坷岁月，与其生死与共。

但是，选择不是一切。无论男人，还是女人，都不能把一生的幸福寄托在婚前对异性千锤百炼的挑拣中。因为，爱情与婚姻中最重要的是养护、滋润，只有投入感情、持续努力，才会在风雨后迎来风和日丽的好天气。那种不懂得珍惜另一半，甚至苛责对方的人，只能扮演破坏者的角色，到头来害人又害己。

那么，在找到一位合适的结婚伴侣之后，应该怎么把握住幸福呢？

1. 不能太注重个人感受

许多年轻人在恋爱中，太注重个人情感，把自我放在了一个很重要的位置。为了保持自己的尊严、荣耀，故意难为伴侣，或者不照顾对方家人的感受，这种做法偏离了和谐共处的原则，缺乏家庭生活的协作氛围。正确的做法是，兼顾对方的心理诉求，在妥协中建立稳固的信任关系，实现相互帮助的局面。

2. 多进行沟通

没有哪两个人是天然适合生活在一起的，两个人的生活重在磨合。而磨合期最需要的是有效沟通，双方要摸索适合彼此的沟通方式，尽可能用幽默的语言化解矛盾，多花些时间在沟通上。两个人应该有默契，让对方理解自己头脑中的想法。有的女性特喜欢玩"猜谜"游戏，殊不知，天长日久，会给生活埋下隐形的地雷。

3. 多看看对方的优点

确立了爱人关系后，切忌急躁，要认真研究、了解、分析对方，多看优点，少看缺点，努力找寻双方感情的结合点。爱人之间只有相互欣赏、相互鼓励，才能携手演奏出一曲人间美妙动听的天籁之音。如果你总是盯向对方的缺点，并且用讨厌、仇视、挖苦、讽刺式的方式打击对方，很可能会让你们的关系受损。

4. 要学会"闭一只眼"

爱之初，男女之间往往是将自己最美好的一面展现给对方。一旦生活在一起，各自的缺点就会暴露出来，倘若这些弱点和不足无碍大局，那你就闭上一只眼。不看或少看那些弱点与不足，别去苛求对方，自然会减少许多不必要的麻烦。富兰克林说得好："结婚以前睁大你的双眼，结婚以后闭上你的一只眼。"每个人都不可能完美无缺，只要不是原则性的大问题，就不要太过较真，求全责备，而应该多体谅、多包容，这样彼此相处才会和谐，婚姻才能得以延续。

总之，在恋爱中始终想到上述这些问题，检讨自己的作为，及时纠正不当的言行，这将使你距离甜蜜与幸福的婚姻殿堂越来越近。

熊熊怒火，烧伤的是爱情

“在天愿做比翼鸟，在地愿为连理枝”的美好爱情人人向往。然而，这美丽的爱情光环一但被熊熊怒火点燃，爱情本身自然就在劫难逃。因为，爱情绝非如罗曼蒂克的人们所想象的那样，它是建筑于一种本能之上的制度，且其成功的条件不仅要有肉体的吸引力，而且也要有意志、耐心，相互的接受和容忍。能彼此控制自己的情绪，才是维系和谐、长久爱情的主要因素。

乔治和艾达都是上班族，两个人都是清晨出门，工作一天才能回到家里。

最近艾达正在和乔治赌气，艾达觉得乔治没能和她一起分担家务，两个人一样都工作，都为这个家庭而奔波劳累，她说着说着就忍不住对乔治大吼起来。

这样的河东狮吼，乔治并不理睬，转而，艾达要求和乔治谈谈。

“好吧，乔治，我们得谈谈了。我上一天的班，还要做大部分的家务，我觉得自己要崩溃了。”即使如此，乔治还是大喊道：“哦！你又来了！好吧，那你告诉我，你想要我怎么做？”

艾达马上意识到不能这样逼迫丈夫回答，转而温和地说："亲爱的，听起来你是在为这件事而生气呢。"

乔治也不再那么生硬："不是，我并没有生气。但是每次我都觉得我已经很努力地在做了，但是好像永远都不够似的。"

"所以，我这样，你也觉得受不了？"

乔治说："我能感受到你的辛苦，真的。可是我的问题的，我回到家也是一样的疲惫。我想我们是不是能够商量出一个办法解决这个问题？"

很快，对立的情绪缓和下来，乔治和艾达通过情绪上的交流帮助他们消减了彼此的怒气，也帮助他们化解了彼此的心结。

生气，并不见得可以使你赢得可控制权，却会无可避免地刺伤对方的心。幸好，乔治和艾达懂得这个道理。

遗憾的是，现实生活中的我们在这方面做得并不好。其实，很多人也承认自己用愤怒的语气或者高傲的态度对待爱人并非明智之举，但对方有时候实在让人生气。在他们看来，爱人不应该犯这样的错误：用完厨房总不收拾干净，用完马桶总不记得冲水，出门总是磨磨蹭蹭……可是，这不就是爱情的本来面目吗？当褪下花前月下、卿卿我我的美丽光环，柴米油盐酱醋茶的平淡生活正是爱情的真谛。因此，看到对方令自己不满的地方，我们也根本没有必要发脾气。既然爱情还在，那么就要包容对方的一切，不管是缺点还是优点。

不过，很多时候，说起来容易做起来难，要想控制自己的怒火，这并不是一件容易的事情。

或许我们可以试试上面故事中艾达的方法——与爱人进行情绪上的交流。

第一步：接受。

你首先要接受自己的情绪。在和爱人沟通情绪的时候，要完全接纳自己的情绪，确认自己的情绪是确实无误的事实。

第二步：面对。

闹情绪的时候，重要的是两个人要正视问题，不逃避，两个人共同努力解决问题。对于已经发生的事情就要勇敢地面对，不能因为担心对方会责备自己，选择隐瞒自己的错误，这样做的后果大多是使彼此的误会越来越深，情绪失控的可能性越来越大。

第三步：释放。

出现突发事件的时候，往往双方都会产生强烈的情绪波动，如果不能及时找到情绪的释放口，只是掩藏、漠视甚至逃避这种情绪的话，最后就很可能演变成非正常的心态和言行，破坏两个人感情不说，还会给最爱的人最深的伤害。所以，该哭就哭，要尽量把压抑的情绪释放出来，而不是积压在心里。

第四步：转换。

你需要在交流中选择新的情绪。交流情绪的目的，是换一种新的情绪，不让坏的情绪破坏你的情绪。如果你生气的时候，交流情绪的目的就是为了获得好的情绪，那你还想守住原来的坏情绪吗？所以在交流的时候，不能抱着原来困扰内心的情绪不放，要学会接受新的好情绪。

第五步：理解。

爱人之间有问题，有情绪，需要做的是相互之间的理解。做错的一方要把认错悔改的情绪传达给对方，而另一方也不能抓住问题不放，要理解、包容。只有这样做，爱人之间才能坦诚相待，双方的强烈情绪才能都得到舒缓，才能为强烈的情绪找到释放口。

第六步：总结。

在进行情绪交流的时候，最好记下你说的话，记下对方可能的回应。这样在下次遇到类似情况的时候，你就懂得要怎么做才能尽快使自己通过和另一半的交流摆脱糟糕的情绪，而尽量不伤害到对方。

其实，很多时候，爱人之间本身并不存在什么对错问题，只是彼此想法不同而已。拥有让人人都羡慕的爱情，和自己的另一半共建美好的家庭，需要时常沟通彼此的情绪。如果你是爱对方的，那就甩开那些不值得你愤怒的小事，并学会帮助对方化解情绪上的波动，这样，才能使家永远是双方最想回到的地方，使自己成为对方最想见的人。良好的情绪交流换回来的必定是相互理解、包容和婚姻的自足。

你是不是雇佣了“表情杀手”

表情，是一种无声的语言，它能够直观、形象地反映出人们的思想、情感及其心理活动与变化。而且，表情传达的感情信息要比语言来得巧妙得多，还易于对方觉察和理解。以爱情为例，当我们随意做出各种面部表情，或清纯、或可爱、或欣赏、或怜爱；或愤怒、或痛苦、或尖酸、或刻薄……不管有没有语言的陪衬，这些表情都在传递着更加丰富的内涵：我喜欢你或我讨厌你。若能充分发挥我们的表情语言，向对方传达各种友好的信息，会很容易使对方了解我们，喜欢我们；相反，如果我们经常用消极表情来面对爱人的话，爱情多半会死于表情之手，两个人都不会得到幸福。

恋爱期间，莫琳和巴特用表情互相吸引。莫琳爱看言情小说，巴特虽然对言情小说并不感兴趣，但是他钟情于莫琳那清纯、可爱、充满希望的表情；莫琳虽然无法从巴特那里获得关于小说讨论的真知灼见，但是他对她的怜爱、欣赏的表情俘虏了她的芳心。

可是，结婚后，他们却不知不觉在用消极的表情伤害着对方。

莫琳常常抱怨："天哪，这家里怎么乱七八糟的！"她希望巴特对她的话有所反应，比如说："是有些乱，亲爱的，又要让你受累了。"或者说："亲爱的，你别急，我们一起收拾收拾。"即使他并不真的来帮她收拾，莫琳也会感觉欣慰，因为他关注到了她的情绪。可是，巴特却一声不吭，继续玩他的电脑，而且还故意"噼里啪啦"地将键盘敲得脆响。

而巴特却觉得，莫琳婚前娇丽可人、温柔如水，婚后却成了恶婆，动不动就发脾气。他上班忙忙碌碌的，回家就想耳根清静一会儿，可莫琳却总是喋喋不休地唠叨，而且说话还夹带着火药味儿，好像随时要引爆似的。比如，有时莫琳一进门就嚷："起这么大风，是谁将窗户打开了？屋里吹得到处是灰！"巴特觉得屋里吹了灰，用抹布擦一擦就是了，有什么值得嚷嚷的？于是干脆不作声。可是，他的沉默换来的却是莫琳越说越起劲。最后甚至"上纲上线"，怨巴特没有能力到环境好的小区买房子。

美国心理学家艾伯特·梅拉比安曾把人的感情表达效果总结为一个公式：感情的表达＝语言(7%)+声音(38%)+表情(55%)。可见表情所起到的传达情感的作用是十分有效的。我们不必追究是莫琳愤怒、尖酸的表情引起了巴特的不屑和冷漠，还是巴特的不屑和冷漠激发了莫琳的愤怒和尖酸，现在的问题是，他们的爱情受到威胁，是两个人共同雇佣了"表情杀手"，用消极表情对爱刺杀的结果。

现实生活中，类似的情形更是比比皆是——女人皱着眉头，一副苦大仇深的样子，喋喋不休地说着什么；男人用眼角的余光看着她，充满了鄙夷和不屑——相信这样的戏码，许多家庭都曾上演过。其实，每个人都有情绪不好的时候，但这并不能作为以消极的表情面对爱人的理由，不管你心中是多么愤怒和痛苦，也不管这些愤怒和痛苦因何而为，面对爱人的时候，请一定记住使用充满爱的表情。具体应做到以下几点：

1. 三思而后行

每个人都能为自己情绪不好找出一千个一万个理由，但是，这都不能作为你以消极表情去面对爱人的理由。在你准备将你的愤怒、悲哀、痛苦写在脸上的时候，你需要三思而后行。第一，是谁的错？是谁让你愤怒、悲哀或痛苦？如果不是爱人的错，请不要让他（她）成了替罪羊；如果是爱人的错，请问自己第二个问题：你需要达到什么目的？你是要将爱人当做敌人，打败他、打垮他，还是要和他一起解决问题？当你选择了后者，你就要和爱人站在一起，用充满爱的表情来请他和你一起面对困难、解决问题。爱是脆弱的，面对爱人，你的表情不能随心所欲，一定要慎重。

2. 请爱人做镜

表情往往是在不经意中流露的，眉头一皱、眼神一闪、鼻子一歪、眼角一撇，一不小心就会伤了爱。请爱人做你的镜子，随时提醒你的表情好不好。请他告诉你：他不喜欢你什么表情？他最倾心于你什么表情？习惯于撇嘴的人总是用撇嘴来表示不屑，习惯于微笑的人总是用微笑来表达宽容，在爱人的监督下，让表情形成好的习惯。

3. 用明确语言

我们常常淋漓尽致，甚至有些夸张地在爱人面前宣泄情绪，那是因为内心有一种渴望：希望爱人来安慰、陪伴、鼓励自己或者帮忙来分析、解决问题。这种渴望越强烈，其表情越具攻击性，其结果是事与愿违，爱人躲得远远的，我们得到的只是更多的愤怒、悲伤和痛苦。如果你需要爱人做什么，那就直接说出来吧：“我希望你……”，“我需要你……”。有的时候，我们还是需要用明确的语言来传递信息的。

4. 学会用微笑

这是最经典、最实用的爱的表情。表情比语言更具表达力。

微笑可以蕴藏丰富的情感和语言。当你不知道用什么表情来面对爱人的时候，请微笑。当你有千言万语却无从说起时，请微笑。微笑是具有感染力的，能催开另一张愤怒的、悲伤的、痛苦的脸，微笑是钥匙，可以开启所有禁闭的心门。向一朵绽放的花儿学习微笑吧，向天真的孩童学习微笑吧。

为了爱情说谎，反而会伤了爱情

有人曾经说过："当话还压在舌头下没有说出口之前，话是你的奴隶；一旦话从口出，你就变成了此话的奴隶。"这句话的意思是告诫人们讲话要慎重。其实，用这句话来警告那些爱撒谎的人则显得更加贴切。因为，说谎话比说错话的后果要严更得多。在说谎之前，请你务必想好，认真思量思量，看自己是否值得为了骗人一时搭上自己一世的清誉，当然你失去的还不止这些，比如，爱情。

其实，爱情是最承受不住欺骗的，刚开始可能是一些善意的谎言，无非就是为了要避免对方因为猜忌和多心而引起的争执，或者还可美其名曰"为了爱情"。可是慢慢地说谎会变成一种习惯，渐渐地就什么事情都不愿意告诉对方实情，于是又编了无数个谎话来圆前一个谎话，于是你把你们的爱情放在了一个亲手编织的越来越大的圈套里。直到谎言被揭穿的那一天，当缠绵委婉的爱情系列剧，演变成悬念重重的侦探片，当两人之间的情感，被一个个的谎言所占据，当本应存在的信任，被怀疑的目光所颠覆，爱情的小船就开始摇摇摆摆，不再有最初的宁静。

康妮的丈夫经常出差，每次都会给她带回些礼物。有时，买回的东西价格低廉，康妮就露出不高兴的神情："瞧你买的这东西！便宜没好货，就会打发我。"

于是，丈夫再买回的东西越来越"昂贵"，报出的价格常让康妮惊呼："噢，天哪，这么贵！"嘴上说着，心里却暗自甜蜜，对丈夫也温柔起来。

一天，康妮背着丈夫买的皮包上班，办公室的同事看见了，说了句："这包我也有一个，样子不错，一百多块钱挺值的。""一百多？不是三百六吗？"康妮问。"不会！这是连锁店的货，统一价。"同事的回答让康妮心里结了个大疙瘩——丈夫竟然给自己"报花账"，他这样干了多少次？莫非自己一直被蒙在鼓里？虚报的余款又做什么用了？康妮越想越复杂。

类似的情况在生活中再常见不过，虽然这与妻子平时传递给丈夫的信息密切相关，但这也不是让人非说谎不可的理由。而且，纸是包不住火的，谎言或早或迟总会被对方拆穿，即使善意的谎言能够被理解，但对于"欺骗"和"隐瞒"还是多少会让人感到些许不愉快。

爱情，这是一个神圣的词汇。如果两个人真的相爱了，就应该相互珍惜，相互欣赏、理解和包容，而不是互相猜疑。然而，谎言——即使当初一个看似微不足道的谎言——却能让爱情变得诚惶诚恐，一个陌生短信，一个异性的电话，一次通宵达旦的聚会，都会成为你们怀疑彼此的导火索，然后就是一场场永无止境的争吵，然后他嫌她是个疑神疑鬼的疯婆子，她嫌他是个花天酒地的渣男人，一场爱情就结束了。

其实，谁没有几个异性朋友呢？谁没有几个缺点呢？很多时候，为了爱情而说谎，最后反而会伤了爱情。如果一开始你就说了实话，对方或许会怪你，可却不会怨你。既然是对方厌恶的事情不做就好，即使觉得无法接受也还是有着商量的余地。你们可以商议好与异性交往的合理程度，可以商量好打游戏的频率和聚会的时间次数，协商好专属于对方和专属于娱乐的时间，协调好各自不容侵犯的隐私空间范围，等等。每个人做出一点让步，没有什么是无法磨合的。

话说回来，如果出现谎言，爱情也未必就会走向毁灭。毕竟，世上不存在从未撒过谎的人。如果你可以调整好心态，恰当地加以区分和对待，就有可能帮助对方改掉撒谎的恶习，使失去信任感的爱情走出困境。

其中，一个重要的前提就是：不是为了欺骗和背叛。比如两人约会，一人已到，打电话问另一人，你在哪？另一人明明还差10站，却会撒谎说自己还差2站；又比如在恋爱初期，自己成绩一塌糊涂，却说什么从小学到高中，成绩一直名列前茅；又或者自己根本不会下象棋，却说与象棋高手过招时人家甘拜下风……这样不出大圈的撒一些小谎，并不意味着不诚实，反而是在渴求被爱，表达一种诚恳——我很在意你的感受，我希望你不要生气等；也是在提出内心的需要——我需要你再了解我一些，我需要把自己好的一面多展现……这时，识破爱人的谎言并不是聪明，真正的聪明是懂得尊重对方的需要。当你留着窗户纸，却满足了爱人的心意，他自然会开窗来拥抱你。

或许，爱情就仿佛是追求这样一种境界吧：她说一切都是真，他说一切也可为假，不管是假是真，他们却始终不离不弃。岁月流逝十几载，他被她的真情所融化，而她却从未有过半丝狐疑。就这样，假的变成了真的，瞬间的美丽化为永恒！

世间万物，唯爱人不能比

爱比较，可以说是人的天性，小到个人物品，大到国家体系，只要是具有可比性的人们都会拿来比较。在比较中发现自己的不足，会努力改正；在比较中发现别人的优点，会努力学习。不过，这世间万物，却有一样东西是不能比的，那就是——爱人。因为当你经常抱怨另一半“为什么你总是比人家差”、“为什么你总是失败”时，只会使这样的话更快实现。反而，只有用欣赏的眼光去看待那个朝夕相处的人，你的命运才会变得美好。

不幸的是，爱情中的两个人，总是会从互相欣赏、崇拜，走向互相挑剔、抱怨，好像全天下所有的人都好，就你身边的这个最差劲。于是男人会说："你看看人家，都一样的年纪，都一样是孩子妈，比你看上去年轻漂亮多了！""你看看人家，丈母娘给买房买车！"……于是女人会说："你看看人家，穿皮衣、戴钻戒，老公有本事赚钱，可你呢！""你看看人家，都做着一样的工作，人家升职两次了，也没见你有一次机会！"……

这些话语听上去多么伤人啊！难道我们都忘了爱情的初衷了吗？难道相爱就是为了互相伤害吗？

其实，爱情对于每个人来说，重要的不是比较，而是享受，重要的不是看到别人拥有的，而是看到自己拥有的。

埃丽诺的丈夫在学术界里很有天赋，也沉迷于学术。但是她的丈夫个性笨拙、执拗，不擅长应酬交际。埃丽诺非常清楚丈夫的优缺点，结婚之前就知道，但是她就喜欢这样的他。

也许他不善于往上爬，也许在商品经济大潮中，他也不会挣很多钱，但是埃丽诺仍然感到满足。她喜欢这样的男人给她的踏实的感觉，她一点也不想改造自己的丈夫。

也许你觉得别人的优点是你的爱人所没有的，但是如果你一直抱怨自己的爱人不如别人，你可能会失去更多。人要学会知足，不要总是盯着别人所有的，而忽视自己拥有的美好。所以说，埃丽诺这种知足常乐的心理并非消极，我们知道，因为一个人的力量是有限的，但一个人的欲望却是无穷的，这种统一的矛盾体常常让人感到人生中遭遇的不如意之事太多太多，而可以掌控的事情太少太少。爱情中，一旦产生和自己的能力差距很大的欲望的时候，要提醒自己这是很危险的，及时调节，珍惜和爱人苦心经营的感情，珍惜属于自己的幸福。

然而，生活中有很多人，在看到身边人高就的高就，升迁的升迁，发达的发达，自己或者自己的另一半却还是在原地踏步，总不免心生艳羡或嫉恨，于是，有的人选择“命里有时终须有，命里无时莫强求”来安慰自己，有的人却将这股嫉恨化为怒火中烧，巴不得对方出点什么岔子跌入谷底深渊才好。与此同时，自己的情绪也跟随着他人他物的变动而变动着，不能自已。这种攀比心理很容易导致犯错误，因为有了攀比就会发现差距。发现差距，就会心理上不平衡，抱怨另一半没能给自己想要的生活，或者别人能给他却不能给的生活。有了这种不平衡，就会有不服气，有了不服气就会想要自己和那些比自己优越的人一样，也就难免会失去理智，导致犯错。

当然，我们不是不赞成人应该发挥出自己的潜能，去追求可能得到的最大的成功。但是，帮助爱人了解他自己的能力，以及硬要推动他去做超出能力的事，这两种态度是不同的。让爱人成为理想中的样子，靠比较是不行的，而要靠赞美。不要挑剔他，不要拿他和隔壁的某某人相比较，也不要使他的工作过量，应该鼓励他、赞赏他、为他加油打气。“记得那一次，你告诉老板如何减少你部门里的多余开支的事吗？那实在需要很大的勇气，真是了不起，但是你做到了，非常好！”这样的话，定会让爱人很开心，也勇气倍增。难道，这种技巧不比告诉他——“人家都住大宅开好车，你实在太差劲了。你甚至不敢对一只小狗说一个

'哼'字。"这种话要来得更好吗？

所以说，不要老说别人的爱人如何如何好、别人的爱人怎样怎样等。爱他就要尊重他，不要埋怨你的爱人不是太阳，没有给你太多的温暖，要想想你是不是月亮，给了爱人多少温柔；不要埋怨你的爱人不是天上的星辰，不能挂在你骄傲的心头，要想想你是不是地上的露珠，有没有滋润爱人的心灵；不要埋怨你的爱人不是雨后的彩虹，没有挂在你人生的旅程，要想想你有没有撑开幸福的雨伞，和爱人风雨同行。

总之，娶一个女人，不是因为这个女人家世显赫，不是因为这个女人站在自己身边能为自己增添多少光彩；嫁给一个男人，不是因为这个男人能给自己买上洋房，也不是这个男人能开着高级跑车带自己去兜风。爱一个人，选择和一个人生活，应该就只是为这个人，知足、赞赏，足矣。

爱，不是改变对方，而是改变自己

爱情中的两个人，难免因为生活习惯的不同而磕磕碰碰。于是双方往往迫不及待地想要去改变对方的习惯，以适应自己的生活方式。但遗憾的是，双方为了改造另一方而使出浑身解数筋疲力尽时，收到的效果往往微乎其微，甚至收到反效果。

虽然需要对方做出一些小小的改变，让自己的生活更加和谐，但是，与其紧盯着对方不放，不如让自己做出些改变来适应对方。正像你希望看到别人的微笑，可以先将微笑带给他人；你希望看到城市的整洁，不如自己先来做环保；你希望得到别人的关怀，何不先送出温暖，照顾他人？当你不再将眼睛盯着爱人，而是尝试着改变自己，就会发现，自己改变了，爱人也随之变得更加美好了。

弗洛拉常常因为丈夫的冷淡而苦恼不已，她常常对他大吼大叫："我已经无法忍受了！你总是想不起我们的结婚纪念日；不知道关心孩子；你已经很久都没有带我们出去吃饭了。"可结果呢，这样的抱怨口吻反而让丈夫离她更远了。

后来，弗洛拉学着慢慢地改掉自己火爆的脾气，改用温和委婉的方式跟丈夫说话："亲爱的，我知道你的工作也很辛苦，有时候你的情绪看起来也不好，可我还提一些无理的要求，对什么都不满意。我希望你能提醒我改掉唠叨的毛病。我觉得有时候也应该留点时间给自己，你说呢？把孩子托付给别人，我们一起出去散散心，或者先去野餐，然后再随便逛逛，那该多么美妙啊！"渐渐地，丈夫也改变了冷淡的态度，一家人其乐融融。

幸福，确实需要爱情中的两个人共同负起责任，但是每个人都只能负部分责任。一个人真正能负完全责任的就是做好自己，将自己做好了，就是对爱情最大的贡献。改变别人，事倍功半；改变自己，事半功倍。一味地要求他人倒不如更多地反躬自问。

然而，现实生活中，很多人习惯把相爱的法则建立在“你爱我就要为我改变我所不能容忍的缺点”这个错误观念上，这样的法则很容易让自己无形中形成一种改造欲，把自己的婚姻变成一所监狱，眼睛时时刻刻都盯在对方的缺点上，使自己的婚姻处在硝烟弥漫之中。聪明的做法是，与其责备，倒不如接受。与其责备对方，倒不如完善自己。与其争吵，倒不如协商，彼此适应对方。

“我小的时候，我曾经想过要改变世界。但当我渐渐变得成熟时，我发现，这个世界不是我能改变得了的，于是我把目光放得短浅一点，那就改变我的国家吧。但我的国家似乎也是我无法改变的，当我再长大一些后，抱着最后一丝希望，我决定改变我的家人，但是，他们根本不接受改变。现在，我突然意识到，如果开始我只是改变自己，截止到现在，就可以改变我的家人，然后，在她们的鼓励下，我也许可能会改变我的国家。再接下来，也许我连整个世界都可以改变。”

这是甘地的原话，他还说过：“在这个世界上，你必须为你希望看到的而改变。”爱情当然也不例外。所以，不要试图替代对方生活和前行，不要画一张图然后让对方在里面充当傀儡，也不要拿自己的世界观和价值观来制约爱人的行为，有些东西在你的生命中是必需，但在爱人的生活中却未必，你拿自己的理念去要求对方，本身就是有问题的。换个角度来检讨自己，多看看他人的长处，找找自己的不足，先改变自己才是对爱情负责任的态度。

没有谁可以在爱情开始的时候就能习惯对方的生活习惯，也没有谁可以在爱情开始的时候就收获了幸福。两个人的生活是经过不断地了解，不断地接纳和包容对方，不断地改变和完善自己，适应对方的生活习惯，改变自己的缺点。在这样的爱情里，你既可以看到一个原来从没有见过的自己，也可以参悟到幸福婚姻的真谛。

而且，值得一提的是，虽然你无法改变爱人，却能影响和带动他，营造环境让他自己改变。比如，奖励爱人正确的行为，就是一个很好的方法。例如，每次丈夫把一件穿过的衬衣投进脏衣篮里，妻子就表扬他一下。如果他投进两件，就吻他一下。同时，见到地上满是泥土的衣服，别批评他，跨过去就算了。但随着男人对女人的欣赏感到得意，堆积的脏衣服就会越来越少。再比如，培养“不兼容行为”，也是一个好办法。例如，丈夫不喜欢妻子经常出去打麻将，就拉她一起去健身！总之，爱应该有适度的自由，否则就可能会成为牢笼，对方会渴望挣脱，只有让爱人能够释放出自我的力量，才会加固爱情的城墙。

爱，不是改变对方，而是要为对方改变自己。而且，这不是哪一个人的责任，这是两个人都应该去做的事。如果两人都能心无旁骛、心甘情愿地为家庭、为对方付出，何愁生活不阳光明媚！

欣赏对方的不同，拥抱彼此的差异

每一桩爱情都是从差异的吸引力开始的。就连亚当从酣梦中醒来，揉着惺忪的睡眼，第一眼看到夏娃时，也是不禁惊呼："哇！她看上去有别于我，我们并不是一模一样的！"然而，爱情一旦走入平常生活中，就会有一种无形的力量，驱使其中一方或双方都想尽自己的努力，改变对方，使对方与自己相像。

不过，这只是一厢情愿的。无论男人还是女人，结合的目的都不是为了接受"再教育"，不是为了痛苦的被"鞭策"着成长和进步。虽说爱情是"合二为一"的过程，但前提是必须建立在承认"二"的基础上，而且，这个"一"既不是你，也不是我，而是两个人相容且相融的整体。双方都能容许另一方成为一个自由独立、有所分别的个体，这才是爱情成熟的一个重要标志。

罗纳德凭借自己的聪明头脑和专业实力，短短几年就成为了企业的高层领导，事业之路走得一帆风顺。而妻子还和几年前一样，在幼儿园里做教师。为了让妻子和自己一起进步，罗纳德给妻子报了各种各样的补习班，课余时间就让妻子去进修五花八门的课程。妻子对那些东西不感兴趣，但又不忍心打消他的积极性，只好硬看头皮去了。

一天，他去接妻子下班，看见妻子正带看一群小孩子在小操场上做游戏。在孩子们的簇拥之下，妻子如同一只小鸟一样，愉快地飞来飞去。他忽然想起了第一次见到妻子的情景，她也是这样的快乐、自在，而他恰恰是被她的快乐所吸引才展开了猛烈的追求。他终于明白了妻子在他面前闷闷不乐的原因，暗自嘲笑自己的愚蠢。妻子即使钢琴没过十级又有什么关系，她喜欢的是跟孩予们在一起的感觉，那些培训和课程、对她来说根本没那么重要。

于是，他立即打电话为妻子取消了所有的课程。并庆幸自己能有这样一个了解妻子的机会。

爱情需要的是彼此站在对方的角度，多考虑对方的感受，而不是一味站在自身的角度，用自己的想法去苛求对方。

其实，两个人有差异，这是必然的。每个人，承接父母的基因，住在父母的房子里，与父母共同生活二三十年，从而已经养成了一些生活方式、价值观念和行为取向。而爱情，让来自不同文化背景和生活境遇的两个人结合到一起，他们在言谈举止、交往范围、事业追求、思维习惯乃至生活情趣上可能很不相同，这也无可厚非。如果双方都用爱憎分明的对错来评判两人之间的差异，只会在两人的关系中制造出一道最难逾越的心理鸿沟，妨碍着双方最终的亲近、融洽。

因此，我们必须明白的是：坚持自己的生活方式没有错，可既然我们选择了对方，就必须包容理解并积极参与到对方的生活方式中，并好好地生活。只有这样，我们才能更了解彼此。因此，我们在坚持自己的生活方式的同时，也要多拿出一份耐心和精力去包容理解别人的生活方式，只有这样，才能得到另一半的尊重。

说到底，爱情，就是一个求同存异的过程。无论两个人之间有多少类型的区别，之间的区别多么的显著，最重要的还是双方对于这些差异的处理方式。

第一，让差异成为一种互补，这是让两个人之间的差异发挥其美好效果的重要观念。

试想，如果和一个“克隆”自己思想的人一起生活，这将是一件非常枯燥无味的事。因此，两个人形成互补，在某种程度上应该是一件好事。当爱人有不同意见时，那等于是在扩大你的视野，丰富你的世界，你不再局限于自己小小的天地。你需要以一种谦卑的心态去倾听对方，即使在某些你深信自己正确的事情上，仍尊重对方的感受与意见，这样既丰富了自己，也快乐了别人。

第二，走进彼此的内心世界，那么，每个人都会因别人的欣赏而受到鼓舞。

经常问问自己“他为什么会这样想？”、“她为什么要这样做？”而不要轻易贬低爱人的想法，不要因误解而让双方受到伤害。因为对方和你一样，也有个人的意愿，要将心比心地了解对方的出发点和需要。因为你进入爱人的世界，就代表你对他（她）的爱、对他（她）这个人的欣赏。每个人都会因别人的欣赏而受到鼓舞。

第三，拥抱真实的爱人，爱情就是因为彼此的包容而存在。

一个人就是因为同时具备了优点和缺点，才会完整。煞费苦心的推动、引导、控制甚至诱骗对方做出某些改变，往往是无用功，甚至会适得其反。因此，真正有意义的改变是我们勇于去改变自己的心态，对爱人那些改不了的习惯我们只能包容。当我们以一个爱人的身份，以一个和他（她）同行者的身份去看待他（她）的时候，就会明白手牵手往前走比和对方争输赢更重要。

总而言之，我们必须学会珍视爱人的独特品质，欣赏对方的不同，拥抱彼此的差异，要知道，充满两个人声音的爱情，才是真正的爱情！

如果离不开，就别提“离婚”

小时候，我们经常玩“过家家”的游戏，好像跟谁组成爸爸妈妈都是一件容易的事情。然而，长大以后结婚成家，就不是儿戏了，爱人是你人生的伴侣，是相濡以沫一辈子的人。偶尔意见不合，吵吵闹闹无可厚非，但是在吵架的时候也要注意用词得当，因为有些话一旦说出口就再也无法挽回。其中最有杀伤力的一句话就是“离婚”。

其实，那些经常把离婚挂在嘴边的人，未必是真的想离。女人爱用这招是因为女人知道男人对自己的爱，知道男人离不开自己，所以威胁才有效，男人才会服软；男人也会用这招，当然也是因为男人知道女人爱自己，这是讨价还价的筹码。不过，不管是男人还是女人，这话一旦说出了口，就是把这段婚姻最后的决定权交给了对方。爱人可以选择哄回你，也可以选择离开你。反正离婚是你要求的结果，他就算头也不回、拍拍屁股走掉了，也不算亏欠你。这样一来，你不但没有占到上风，更让自己陷入被动的局面。所以，如果不是真的想离开爱人，那就最好不要随便提出“离婚”二字。

有个女人用自己的亲身经历证明了这个道理：

那时她结婚还不满一年，却几乎每天都在吵架。她苦恼极了，觉得男人再也不是恋爱时的那个人。终于，她向男人提出了离婚。

她还记得那天天气很好，她说出“离婚”二字时天高气爽。“咱们到民政局办手续吧。”她对男人说。男人不说话，看了看妻子，继续窝在沙发里看书。只是，那本书半天也没有翻一页。

她又说：“我再说一遍离婚，你别以为这又是杀手锏，这是感情问题。我们别互相折磨了，好不好？”说着，她拿出了早已准备好的离婚协议书。男人怔了一下，似乎惊奇于妻子的有备而战，神色也凝重起来。他的脸色在沉默中渐渐变了，呼吸也明显地粗重起来，半天才憋出两个字：“不签！”

她从容地收起协议书，又掏出一份打印得工工整整的“文件”：婚前财产登记表。这时候男人又傻眼了。她一点一点地把男人逼进了死胡同。她明显感觉到男人紧张了，双眼盯住书上的某一点，仿佛定了格，手上的书轻轻颤抖着。

她很满意男人的反应，她要的就是这个效果，让男人认真起来。男人在她咄咄逼人的攻势中终于开口了。他说："这样吧，我们让上天来定夺好不好？如果今夜12点之前不下雨，我答应你签什么字都行，而且送一套房子给你；如果12点之前下雨了，我们就和好如初，再不提这两个字了，好吗？"

她对男人的态度有点出乎意料。她对他仔细研究了足足3分钟，再逐字逐句推敲了两分钟，便点头应允。她想，天气这么好，怎么会下雨？白痴也敢与他打这个赌。

可是，到了晚上，她睡在床上，记忆却不知不觉地滑回到过去和男人一起的那些恩恩爱爱、甜甜蜜蜜的日子里，细数起来，男人还是个好男人。想着想着，她心里忽然躁动起来，下意识地看看窗外，月朗风清，真是好天气！她内心深处轻轻跃动着一个说不清的心思。看看表，深夜11时了。秒针一步一步地走着，她再也坐不住，披衣走到窗前，盯着毫无动静的天幕，莫名其妙地焦急起来。再看看表，11时30分。

突然之间她听见了自己心底的那个声音："小冤家，人家闹脾气说要离婚，你哄一哄不就行了？干吗要打这个赌？明知天气这么好，不可能下雨嘛，分明是你想要离婚！"她一下子委屈起来，眼泪吧嗒吧嗒地掉下来。不对，这不是眼泪的声音，分明是水滴在琉璃瓦上的声音，外面真的轻轻下起雨来了！

她心情立刻欢快不已，差点要放声大笑。慢慢地，这雨好像不大对劲起来，一会儿紧凑，一会儿疏淡，再走出厅里开窗一看，咦？怎么这边滴水不沾？她蹑手蹑脚走上楼顶，眼睛立即湿了。只见她的男人正从水池里舀起水，小心地浇在窗台正对的墙沿上，任其往下滴落，洒水成雨。看到这情景，她什么也说不出来，悄悄地回到床上，在淅淅沥沥的下雨声中甜甜地睡去。

从此以后，她再也没有提过“离婚”二字。

这个“离婚雨”的故事很感人，这个女人也很幸运。可遗憾的是，更多的人都是在付出了痛苦的代价之后才知道这一点的。尤其是年轻的夫妇，赌着气嚷着要离婚的现象实在是太普遍了，也许是一时口不择言，也许是恃宠而骄，自以为找到了对方的死穴，但凡不顺心就用离婚来考验对方的心理承受能力，另一半在屡屡受伤的同时还得提心吊胆婚姻随时不保，到最后没有不崩溃的。

其实，两个人即使十分相爱，天天一起生活，摩擦也是在所难免的，情绪激动愤怒也是情理之中的，但无论多么气愤，也不应当用“离婚”来表达和宣泄自己的负面情绪。要知道，真正离婚的目的不是为了出自己心中的一口气，更不是为了惩罚对方，而是为了让今后的日子更加美好。而那些心里本来不想离婚，却喜欢拿离婚来发泄自己情绪的人的做法，是消极的、幼稚的，更是不明智的，是对婚姻具有破坏性的不当行为。

相爱容易相处难。要知道，婚姻是需要经营的，要想拥有幸福的生活，就需要彼此最大限度地相互包容和相互接纳。婚姻不是过家家，不好玩就散伙。婚姻也不仅是法律上的一种形式，更重要的是对彼此的责任。结婚就代表着成年，需要两个人互相磨合、融洽相处。只要你用一颗爱心去处理对方的感情，当双方由恋爱的急流转入婚姻平静的港湾时，爱就会在婚姻中得到升华。

第二章

沟通，请用对方世界的语言

沟通，先从认真聆听开始

在爱情的世界里，沟通的重要性不言而喻。

不过，沟通可不是简单的交谈或说话，调查研究发现，沟通中的行为比例最大的是倾听，我们花费在倾听上的时间，要超出其他的沟通行为。这是因为任何时候都不可能只有一方信息的传达，即使是以传达为主的一方，也会因为接受方的不同表现而调整自己的传达方式。而且，倾听有利于了解和掌握更多的信息。对方说话的过程中，你不时地点点头，表示你非常注意谈话者的讲话内容，使说话者受到鼓舞，觉得自己的话有价值，也就会更为充分、完整地表达他的想法，这不正是沟通所需要的吗？

在爱情中，倾听更是一种不可多得的沟通手段。能耐心倾听爱人不断重复说着同一个故事，愿意安静包容爱人的满腹理想或委屈，不反驳、不指责，只是默默地支持，这本身就是一种爱情。而那些不会倾听的情侣或夫妻，哪怕一起生活很多年，每天都在对话，心也会越离越远，对彼此感觉越来越陌生。因为他们虽然在对话，但谁也没听进谁说的。争吵、指责和抱怨导致双方的心中产生了“抗体”，他们会自动屏蔽对方的声音和话语。

弗朗西斯匆匆忙忙地回到家里，顾不上喘气，兴奋地嚷道："亲爱的，你知道吗？今天真是个值得庆祝的日子！董事会把我叫过去，向他们详细汇报有关我做的那份区域报告，他们称赞我的建议非常不错……"

他的妻子却没有表现出高兴的样子，显然想着别的事情："是吗？挺不错。亲爱的，要吃酱猪蹄吗？咱们家的空调好像出了点问题，吃完饭你去检查一下好吗？"

"好的，亲爱的。我终于引起董事会的注意了。说真的，今天在那么多董事会成员面前，我都紧张得有些发抖了，不过情况很好，甚至连老总都很赞赏，他认为……"

他的妻子却打断他的话："亲爱的，我觉得他们根本不了解你，也不重视你。今天孩子的老师打电话来，要找你谈一谈，这个孩子最近成绩下降了不少。对于你的宝贝儿子，我真是不知该怎么办。"

弗朗西斯终于不再说话了，他想他的妻子是不会听的。他现在应该做的就是把酱猪蹄吃下去，然后去修空调，接着给孩子的老师回个电话。可是，他对这一切似乎都没有了兴趣。

每个人在烦恼和喜悦后都有一份渴望，那就是对人倾诉，并希望倾听者能给予理解与赞同。想象一下，当我们兴致勃勃地要说给爱人听的时候，对方却心不在焉，根本无心倾听，我们的心中会是什么滋味？每个人都会遇到开心或者不开心的事，都需要向别人倾诉，来缓解和放松自己的心情。善于倾听，才能让爱人感觉到你对他的爱、理解和尊重，使爱人感到一种安慰和鼓励。遗憾的是上面故事中的两个人谁也没有做到。

现实生活中，很多爱人之间的交流危机也往往源于不能耐心地倾听对方的倾诉。丈夫喜欢向妻子倾诉工作中的烦恼，是希望妻子能体谅他工作的辛苦；妻子喜欢向丈夫倾诉生活中的琐事，也是希望得到丈夫对自己努力的肯定。如果对方每次都表现得很不耐烦，说话的一方自然也就失去了兴趣，爱人之间就会出现可怕的沉默，爱情自然也会暗淡下来。因此，无论你的身心多么疲惫，都不要表现出一丝不耐烦，这是尊重爱人、表达爱意的最好方式，也是增进彼此感情的有效途径。

两个人生活在一起，一定要学会耐心聆听对方的倾诉，这才是爱情长久的秘密。当然，要成为一个好的“听众”，你还需要掌握一些技巧：

1. 全身心地倾听

你要用眼睛、脸孔甚至整个身体去倾听爱人的话，而不仅仅是耳朵。如果你真正热心地听爱人说话，你就会在他说话时看着他，你会稍微向前倾着身子，你脸部的表情也会有反应。

而且，倾听不只包含听到对方说什么，还观察到对方非口语行为所蕴涵的意义，注意到其手势、表情、神态、声调、身体动作，当一个人心口不一时，往往可从非语言信息看到真正的含意。然后对于所听到、观察到的，给予适当而简短的反应，让对方知道你在听，也会让对方感受到尊重。

2. 反馈性地倾听

你将意见或者建议反馈给爱人，正是你倾听对方说话的最好证明。不过，直截了当有时候会显得粗鲁无礼，你需要掌握诱导性发问的技巧。这也是任何一个想要成为好听众的人所必备的技巧。

诱导性的发问是，在发问中灵巧地暗示着发问人内心已有的一个特殊答案，而不直接提出对方不想听的劝告。诱导性的问话，就是一个既可以刺激谈话，推动话题，又不会失败的技巧。例如，你可以提出这样的问题："亲爱的，你认为做更大的广告可能会增加你的销路，或者将是一种冒险吗？"你提出这种问题并不是真的给他劝告，但却可以得到类似的结果。

正如杰利密·泰勒所说："倾听是女人的魅力之一。微笑着倾听丈夫烦恼的女人，远胜过空有一张漂亮脸蛋却喋喋不休的女人。"其实，不管是男人还是女人，都可以将聆听作为一种最好的沟通手段，听爱人的喜怒哀乐，听爱人的"疯语癫言"，让感情在倾听中不断加深。

有时候，态度比内容更重要

"男女之间一定要沟通。"这句话几乎成了每个自诩为现代男女的口头禅。"沟通"似乎成了避开婚姻暗礁的万灵丹。但实际上，想沟通，却越沟越不通，进而演变成吵架的不可胜数。

原因何在？

爱人之间当然得不时沟通，但这个沟通是需要一定技巧的。绝不可拿出在办公室里一本正经的架势，而是语气尽可能柔软，最好能寓有形于无形，把它当做是一个交流感情的过程。

夫妻关系沟通中，个人的形象气质、善解人意的态度占了有效沟通的 68 分，声音的柔和度占了 25 分，交谈的内容才占了 7 分；而在职场上，上下级想沟通有效，女性的形象气质占 55 分，声音的语气语调庄重有力度占了 25 分，交谈的内容仅占 20 分！

20 世纪 80 年代，有一对两地分居的夫妇，丈夫留学美国，妻子在国内上班。当时的电话资费比较贵，每分钟要二三十元钱，这对他们来说很难承担。后来他们想了一个既省钱又能保证每天都能沟通的办法。他们约定：电话铃响一声就挂断，含义是“我很好，不要挂念”；电话铃响两声挂断，含义是“你的回信我收到了，请放心”；电话铃响三声挂断，含义是“我的信件寄出，注意查收”；铃响三声以后还不挂断，代表“我有话要说，请接电话”。他们就用这种特殊的方式保持着联系，虽然实际的交流并不多，但感情一直维持得很好。

可见，一个良好的沟通，并不在于你真正说了什么，只要双方抱着和谐相处的目的，就可以建立起真正亲密的关系。

俗话说“良言一句三冬暖”，“相逢一笑泯恩仇”，“抬手不打笑脸人”，这些都说明好态度很重要，看到爱人和颜悦色的表情和善解人意的态度，任何人想发火都难，还会为自己刚才的发火感到愧疚。下面这些建议，很值得大家借鉴。

1. 使用委婉的语言

对于同一件事，用温和的态度说与用激烈的言辞讲取得的效果是完全不同的。因为讲话时，温和的态度、委婉的语言可以缓解人们的紧张甚至是排斥的情绪，即使对方根本不想听你说话，用委婉的语言也可使对方放松对你的戒备，然后渐渐进入主题，这种方式往往可以取得预期的效果。

有人误认为委婉便是虚伪或压抑感情，其实委婉完全不涉及爱情的掩饰和压抑。作为一种颇有奇效的黏合剂，委婉是一种以坦诚开放的态度来对待对方的方式，它尊重了他人的感受，更容易让人接受。只有借助于委婉的表白，诚挚的态度，沟通才能有效建立。因此，两个人在相互沟通的过程中，如有意见和建议，要善于运用委婉的表达方式。

2. 调整沟通的情绪

爱人之间最有智慧、也最美妙的沟通方式就是“发乎礼（理），止乎情”，也就是说在开始沟通的时候要心平气和，要尊重对方，要有“礼貌”，其次，也要用“理”来沟通，说明自己的道理和想法。而收尾时又应该用“情”，毕竟男女关系与其他关系不同，不可能、也没必要完全公事公办地沟通，如果你懂得在最后用“我就知道你最好了”或者“这样与你沟通我感到很高兴，我觉得我更爱你了”这样的句子来收尾，你们的沟通就会得到升华。

3. 出于真实的心愿

诚实是情感关系中的一个重要原则。沟通一定要是尽可能地出于自己真实的心愿才会富有意义，用不诚实的态度来沟通，隐藏自己的真实心意，不过是在浪费时间。

有的人在沟通时隐瞒真实的心意，或者觉得自己有些心理活动无法拿到明处去说，所以选择另外一些可替代的借口表达出来。比如，担心妻子出轨的丈夫害怕妻子知道自己的嫉妒，用不希望妻子抛头露面、很辛苦的理由来要求妻子在家做全职太太，这种隐匿了真实心态的沟通，对于对方了解自己的需求和未来的情感发展都是一个很糟糕的影响。当真正的理由一旦泄漏，妻子是会受到很大的伤害的。

因此，男女双方在沟通时，一定要做到在保证个人的一些无损于婚姻原则的隐私的基础上，绝对要在沟通之中注意保持必要的坦诚。爱他（她），就和他（她）说说心里话。是平凡的伴侣，也是精神世界的守护者。

4. 善用幽默的智慧

生活中的很多矛盾和争论，都可以用幽默的方法歪打正着地化解掉。如果男女双方能够将幽默合理地运用到沟通之中，不仅可以化解矛盾，而且可以增进生活情趣。

适当地幽默一把，把同样的意思，用比较有趣的方式表达出来，会有利于缓解过于严肃、尴尬的气氛，能够使双方在瞬间认识到：我们的感情比问题多，没必要像仇人一样地沟通。不过，一定要注意，幽默只是一种表达问题的方式，它不是嘲讽，不该带有攻击性。另外，幽默也不是嬉皮笑脸，不是无论对方说什么，你都出怪样，或者皮笑肉不笑，如果你这样做，对方不会觉得你是在缓解气氛，只会理解成你是在挑衅，或者根本无心进行这场谈话。

总而言之，富有成效的沟通就像一条畅通无阻的水流，使爱人之间心湖里的水循环流动，看清彼此的情况。这条水流一旦堵塞了，你们就不能再“互通有无”，理解也就无从谈起。因此，无论男人还是女人，都应该时刻抱有一种积极的沟通态度。有什么想法、意见或者不愉快，都应该用温和的方式说出来，并且主动了解对方的想法，这才是爱人相处之道。

别再迷恋那份不需开口说的默契

爱情是什么?

许多人常常将“爱我就应该懂我”、“不需要我开口，你也应该知道我在想什么，需要什么”作为衡量爱人是否真正爱自己的标准，并在生活中加以实践。

“读懂”的确是一件很浪漫的事儿，你们心有灵犀，只消一个眼神便能心领神会，便知道对方所思所想、所需所求，这当然是好，不仅好而且令人艳羡。不过，这个世界上从来就不存在真正不需开口说就能有的默契。你的心情和状况只有你自己最懂。因此，别怪另一半猜错了心，也别因此懊恼。与其猜，不如建立良好通畅的沟通模式，明明白白地告诉对方你心里真正的想法，还有你真正想要、在乎的事情。

许多走上分手或者离婚道路的爱人，都是因为在相处过程中，不知道如何向对方开口要求。甚至，错以为爱我就不用说，你应该明白。最后导致沟通不良，误会越来越深的。

有一对结婚近 60 年的夫妇，每次家里吃鸡时，妻子总是把鸡脖子夹给丈夫，因为那是她最喜欢吃的地方。但是，丈夫却并不这样认为，因为丈夫最喜欢吃鸡翅膀，而每次妻子总是把那块"最好的地方"独吞。

有一天，丈夫终于忍无可忍，气愤地吼道："快 60 年了，为什么每次吃鸡的时候，脖子都要给我，你自己怎么不吃？"妻子吃惊地看着平日温和的丈夫，惊呆了，好久才小声说道："我以为那块是最好的。我一直喜欢吃鸡脖子的，于是就给了你。"

丈夫听完这句话流下了眼泪。由于没有了解对方真正的心意，两人误会了将近 60 年。

爱情是需要表达的！其实近 60 年中，哪怕妻子能有一次，说一句"我最喜欢吃鸡脖子了，但是，我爱你，所以我留给你吃"这样的话，也不会有那么多年的误解了！

"你想要啊？悟空，你要是想要的话你就说话嘛，你不说我怎么知道你想要呢？虽然你很有诚意地看着我，可是你还是要跟我说你想要的。你真的想要吗？那你就拿去吧！你不是真的想要吧？难道你真的想要吗？”这是《大话西游》中的一段台词，虽然有点搞笑，不过，要是把它引用到我们的生活中，这种让人急得抓耳挠腮的情形也并不少见。

把心中的感受说出来，爱人之间才能更好地交流，从而建立更加密切的关系。你应该明白双方对任何一个问题的看法都需要交换意见，那种只一个眼神就明白一切的场景只是小说和电影。在现实生活中，对社会问题的认识、工作压力、孩子教养、夫妻生活等都要靠相互的交流来解决。当你重视自己的感受，并能用适合的话语把这些感受清楚地表达出来，就能够给对方更多的机会来了解自己。

爱与不爱都要说出来。

沟通意义在于反馈。你以为对方懂得你的用心良苦，知道丈夫在外面工作辛苦压力大、知道妻子甘心在家做家务毫无怨言出于爱……这一切，我们都以为对方知道得一清二楚。然而，有些时候，如果你不明确表白，将心意正确传达到对方那里，对方永远都不知道。

要想让对方充分感受到你爱的行动，那就要大声地告诉他（她）“我爱你”。或许你会问，既然两个人已经相爱，还有必要说出口吗？当然。而且你要知道，两个人相处得越久，一句真诚的表白越显得浪漫。那些在爱情中享受甜蜜的人，之所以能牢牢俘虏住对方的心，就是因为他们往往会边说边做，让爱人既能看到自己的行动又能明白自己的心意；而那些在爱情中觉得不幸福的人，尽管付出的爱并不少，但通常换不到相应的理解和回报，就是因为他们不懂得将爱说出来。

另外，你的不喜欢，也需要通过表达，让对方明确知道你的想法。有时候会因为怕伤感情，就默默地不讲，这种沉默反而会将问题积累，直到最重要的时刻，摆你们一道。比如，你不喜欢对方沉迷电脑游戏，不喜欢对方花钱铺张，不喜欢对方的卫生习惯……这些都需要表达。不过，这时，你表达的目的是传达你明确的态度，而不是为了改变他。你只要让他知道你不喜欢就可以了！

需不需要也要说出来。

向对方要你真正想要的，事前平和地开口要求，比事后责骂怨怪有效得多。当然不是蛮横无礼，而是适时表达真切的需要。例如，如果你希望爱人帮你做家事，替你分忧解劳，那就开口。如此才能帮助双方，在关系之中，减少沟通误会，又能达到最满意的结果。

其实，不管是做什么，如果你希望爱人做到，都可以开口要求。你的要求如果是真切且适合的，绝对不会吓走另一半。再者，若因此而吓走另一半，那个人或许不是那么合适。别担心你的要求很蠢，恋人之间再蠢的甜言蜜语都在说了，重点是要求的方式和态度，而非内容；也别担心自己会矮人一截，两性关系是平等互惠的，敢于开口要求才是真正的平等。让惧怕担心横在你内心真正需求前面，那才是真的矮人一截；别怕被羞辱，爱你的人是不会羞辱你的，羞辱你的人，也不必再跟他在一起了；也别怕开口要求而会被抛弃、被责怪，很多时候，爱人反而因被需要而感到满足与开心。所以，开口要求另一半，让他感觉到自己能够对所爱的人付出关心，如果他是真正爱你的话，这份心意会让他产生满足感以及快乐，而非厌恶或离开。

另外，当爱人向你询问需求时，许多人喜欢对爱人说“随便”、“都好”，难道你的感情也是可以“随便”、“都好”的吗？如果你当下真的没有想法，多花一两句话的功夫，至少把不要的内容表达清楚；或者说“我现在没有特别的想法，交由你决定。但我可能会有不喜欢的，若是如此，我会告诉你。”清楚的讯息，让另一半在替“我们”做决定时，也可以少受一些决策失误的责怪。

总之，别再迷恋那套不需开口说的默契了。两个人的亲近，是通过更深入地了解来维系的，而了解都需要明确的态度，越明确就越了解，表达是帮助我们明确这些态度的桥梁。希望我们都能使用好自己的表达，让它准确顺畅地传达自己的心意，让对方知道自己的观点，互相交流，从而更好地了解彼此，使问题得以解决。

把架吵好了，就是沟通

我们常常认为，跟一个人吵架一定是跟对方感情不好。其实不然。仔细想想就会发现，最常跟我们有争执的人，往往都是跟我们最亲密的人。我们最容易跟家人吵架，最常跟情人吵架，最会跟好朋友吵架。

可见，吵架，很多时候并不是一件坏事，许多会吵架的情侣和夫妻，常常是越吵越甜蜜。两个人在吵架中不断磨合、理解，他们的感情也更加坚固，更加温存。相反，什么都对对方言听计从，也并不一定是好事。如果回避矛盾，相互闭锁，可能导致误会加深。长期压抑可能蓄积恶性能量，一旦爆发，破坏性更大。到时可能翻陈年旧账，把陈芝麻烂谷子的事儿一股脑儿全倒出来，导致“战争”升级，矛盾激发，甚至劳燕分飞。

有这样一对夫妇。丈夫乔治都是在看完晚间新闻才睡觉，但今天妻子艾丽很劳累，想要早些上床睡觉。她坐在丈夫旁边唉声叹气了一会儿，却没有得到丈夫的回应。最后艾丽只好生着闷气独自上床睡觉。她觉得丈夫一点都不够体贴自己，想着想着，反而睡不着了。

艾丽并没有说出自己的需求，丈夫当然没有办法猜出她心里想的是什么，为什么会不高兴。如果夫妻双方都不表达自己内心的想法，摸不清对方的需求，那么沟通就会发生问题。

把心中的感受说出来，夫妻之间才能更好地交流，即使交流中发生了争吵也没关系。因为这也是一种沟通手段，是情感的交流，是意见的交锋，是思维的碰撞，说不定能碰撞出宝贵的火花来呢！

当然，这是需要一点智慧和艺术的。那么，我们该怎样吵架，才能吵出积极的意义，达到沟通的效果，增进彼此的感情，而不是破坏彼此的感情呢？

1. 就事论事

“伤及无辜”、“翻旧账”，是很多人在吵架中常犯的错误。这除了会激起双方的不满，对于事情的解决一点帮助都没有。因此，你要记住：吵架时，一定不要打击对方的家人、同事和朋友，也不要提一些陈年旧事，否则只会将战场无限扩大。在你准备与他争吵的前一分钟，先问问自己：到底为什么生气，是否要用吵架来解决，吵过架之后能解决这个问题吗？在清醒地思考过这些以后，你也许会发现根本没必要吵架。

或者，你也可以朝着未来的问题争吵。建议你常说一句话：“好，如果以后遇到类似今天的问题，我们该怎么办？”你可以讲出你会怎么处理未来类似的问题，看看对方可不可以接受，他希望你怎么改变。你也可以问对方，将来会怎么处理问题，看看你可不可以接受，讲出你的期待。

2. 以退为进

因为吃软不吃硬是人的本性，因此吵架的最高境界就应该是“以退为进”，既不指着他的鼻子做河东狮吼状，也不恶狠狠地跟他约法三章，而是“以柔克刚”。

毕竟是多年生活在一起的爱人，有什么问题不能协商解决，非要吵闹或冷战不可呢？当发生矛盾对方火气很旺的时候，不妨运用“以柔克刚”的方法，即使另一方有充分的理由，也应该暂时让一让，不与对方争辩，等到对方的怒气消除以后，和气地告诉对方，刚才的谦让并不是无理示弱，是为了家庭和睦。这样减少气恼，相信对方会被感动和感化，家庭间矛盾就可和解。

3. 避免激怒

如果激起对方的怒气，要做有效的沟通就很困难了。下面这些事情都是激怒对方的行为，吵架时一定要避免：

（1）频频打断对方。你应该冷静地听完对方讲的话，然后针对其内容做出澄清。如果对方讲的内容很多很杂，你可以要求他一次谈一个核心问题。在他讲完后，你可以重述一遍他的想法，问他，你的理解是不是正确。通常盛怒中的对方会因为你准确的理解他的感受而平静下来。所以，要让对方有机会谈完自己的想法，这是很重要的。

（2）当着外人的面吵架。许多人，尤其是女人，喜欢当着别人的面给爱人“洗脑子”，她们认为，外人的存在可以增加自己说话的分量，使爱人就范。但实际上往往事与愿违，这除了会令爱人疏远和恼恨外不会带来任何好处。

（3）说绝情的话。吵架不代表你可以不管不顾，争吵时的话也要有分寸，不能说绝情话，不能讥笑对方的某些缺陷或揭对方的“伤疤”，更不能在一时气愤之下，破口大骂，不计后果。比如有的人吵架时言语不留余地：“我要你怎么干就怎么干！”“如果你真的爱我……”等等，这类话咄咄逼人，很容易引发更大的冲突。“利刀割体疮难合，恶语伤人恨不消”，如果说了绝情话，爱人关系就很难平复。

总之，吵架的目的就是为了沟通。会吵架的，可以增进了解，使感情向前发展；不会吵架的，只会把感情越吵越冷，甚至分道扬镳。所以，有一些原则和技巧的吵架，是每个人都应该掌握的。

学会让批评变成意味深长的关爱

在爱情中，每个人都免不了会有一些大大小小的毛病、犯一些大大小小的错误，于是，充满责备、奚落、批评、辱骂的大剧在每个家庭中轮番上演。例如，生活中我们经常会看到这样的情景：繁华的大街上，妻子毫不留情地数落自己的老公，旁若无人，而毫无颜面的丈夫一脸无辜；气氛和睦的家庭小聚，也会有丈夫开始细数自己老婆的种种“恶习”，光打麻将不做家务，不体贴人，全然不管就坐在身边的爱人恼羞成怒……

但是，有用吗?

如果有效的话，那些喜欢发牢骚、碎碎念的人不早都可以高枕无忧了?

其实，50%以上的婚姻不幸福，原因之一就是那些毫无用处，却令人伤心的批评。希望用批评和谩骂来改善对方，绝对是愚蠢的行为。吸引蝴蝶飞来的，是花蜜而非芒刺，因此，我们也要把批评升华成意味深长的关爱，将“芒刺”包装起来，不仅可以达到目的，而且更可以维持爱情的甜蜜。

狄斯累利在公职生活中最难缠的对手，就是那伟大的格莱斯顿。这两位，对于每一件能够争辩的事物都相互冲突，但他们却有一个相同的地方：他们的私生活都充满幸福和欢乐。

狄斯累利和格莱斯顿在一起生活了59年，差一点就是60年了，他们一直相互热爱。试想一下，这位英国最威严的首相格莱斯顿，轻握着他夫人的玉手，和她在火炉边的地毯上跳着舞，唱着这首歌：夫衣褴褛，妻衣亦俗；人生浮沉，甘苦与共。

在公开场合中，格莱斯顿是一位敬畏的敌人；但在家中，则永远不批评。当他到楼下要吃早饭的时候，所能看到的却是全家的人还在睡觉，他就以和婉的方式来表示他的不满。他提高了声音，唱着不知其名的圣歌，声音充满整个屋子，以告诉家里其他的人，全英国最忙的人已经自己一个在楼下等着吃早饭了。他保持着外交家的风度，体谅人的心意，并强烈地控制自己，不对家事有所批评。

俄国女皇加德琳二世也经常这样。加德琳统治了古今中外最大的帝国，对千百万臣民操有生杀大权。在政治上而言，她是一个残酷的暴君，发动毫无意义的战争，判诸多的敌人死刑；但是假如她的厨子把肉烧焦了，她却什么话也不说，反而笑着吃掉。这种容忍的工夫，一般做丈夫的，都应该努力学习。

我们可以没有格莱斯顿和俄国女皇加德琳二世这般辉煌的事业，但是我们却可以拥有幸福的爱情、美满的婚姻。但是两个人生活在一起，怎么有不闹矛盾的道理呢？假如你要维持家庭生活的幸福、快乐，就要记住：不要批评。

那我们要如何才能将批评变成意味深长的关爱呢？

从态度上来说，用嗔怪代替责怪。

做个比喻，吃饭的时候男人一不留神弄洒了菜汤。如果女人皱着眉头说："哦，你总是这样，怎么回事？你就不能注意点！快去拿抹布擦干！"那么男人肯定会非常不痛快，即使他按女人所说的拿来抹布擦干净了桌子，他的心里也会因此而堵得慌，可能会一整天因此而闷闷不乐。

同样的情景，如果女人换一种口吻，说："亲爱的，瞧你做了什么，弄洒了吧，快点擦擦，这么大人了，还跟个孩子似的。"那么结果就非常愉快了，男人会因此一边嬉笑着一边擦干净桌子，而且这一整天他都会因为自己"跟个孩子似的"而心情舒畅。

为什么会有这样的差别？究其原因就是女人的态度不同，一个是责怪的批评，一个是故意嗔怪的变相"赞美"。男人需要"母爱"的心理从自己的另一半那里得到了满足，没有理由不愉快。

从语言上来说，用温柔代替攻击。

尽管批评有时以"尖刻"的面目出现，但在本质上却并非对抗性的行为。很多时候亲切、温和的批评要比大声呵斥、发怒咆哮的效果好得多。因此，每次批评前都要认真准备，克制自己的情绪或掩饰自己的情感，精心组织适当的语言，避开攻击性批评。批评的语言中应避开"你应该"、"你必须"之类的词，多用讨论的口气，避免对方的反感。而且有时候，不说话，仅仅一个微笑、一个眼神也能起到亲切地劝阻、温和地批评作用。你要控制好情绪或者语言，甚至还要学会向爱人道歉，这样才能拉近与爱人之间的心理距离。

另外，注意隐蔽性，也是关爱对方的一种形式。我们应该尽可能地不在人比较多的地方批评爱人，因为这种公开的批评往往显得压力比较大，会导致对方的逆反心理。善于批评者会让对方感到仿佛不是在批评自己，倒像自己说服自己，就容易被对方接受。当然，在任何“强攻”都难奏效时，还不如暂停，因为没有效用的批评一定会给你们的关系带来负面影响。

总之，两个人在相处过程中，难免会有批评，批评多了，也会伤感情。不妨换个方式说话，学着在批评中加点浪漫和爱意，这样不仅能达到效果，还能增进双方感情，让你们的爱情越来越甜蜜长久。

爱情里，拒绝“沉默症”患者

很多时候，爱人之间感情亮起红灯，不是因为某一方犯了不可原谅的错误，而是因为双方不再交谈。

我们总说“沉默是金”，这也许是社交艺术中的经验之谈，但在爱情里，它是行不通的。爱人之间不怕争吵，最怕的是：任你火冒三丈，我就是一言不发，更有甚者还用冷漠的眼光盯着你，间或发出一声冷笑。沉默的背后隐藏着这样的潜台词儿：犯得着这么大惊小怪吗？关我什么事儿？气死你活该！正是所谓的“此处无声胜有声”，这样的态度下，双方关系离破裂只差一步。

莫里斯从小就是一个闷葫芦，但是他的老婆索妮亚却是一个出了名的急性子。每次索妮亚生气和他吵架的时候，莫里斯就默默地走开，不跟老婆吵。别人都说索妮亚很幸运，找到这样一个好老公，吵架都让着她。然而索妮亚并不这样觉得……

索妮亚在生气的时候说话声音就会很大，每次她说话声音大了一点，莫里斯就会闭嘴不再说话。索妮亚无法忍受莫里斯的这种态度，着急了，冲着莫里斯大嚷：“你这样是什么意思？你好歹也和我吵一下啊，每次有矛盾你都这样，我是和空气过日子啊！”但是莫里斯就是不说话。

慢慢的，索妮亚也就懒得和莫里斯吵架了，有什么事情完全自己做主，也不会找莫里斯商量。不仅如此，她甚至连话都不想和他说了。每天回家，他们都安静地吃饭，然后各自做自己的事。有时莫里斯也想讨好索妮亚，尝试主动亲近索妮亚，但是和索妮亚说几句话，一听她口气不好，他就又不说话了。

没过多久，索妮亚就忍无可忍了，就和莫里斯提出离婚。莫里斯觉得自己不吵架是正确的，不明白自己做错了什么，当他问索妮亚为什么要离婚的时候，索妮亚说：“亲爱的，我爱你，这没有错。但是我们两个过日子不是简单生活在一个房子里，生活本来就是在吵吵闹闹中度过的。可是，你连和我吵架的耐心和功夫都没有了，让我和这样的你生活在一起，我无论如何也做不到。”

虽然莫里斯解释说自己觉得吵架只会伤害两个人的感情，所以才不和她吵架，现在知道吵架其实就是把心里话说出来。但是索妮亚已经失去了信心，最终他们还是以离婚收场。

可见，遇到问题只是一味沉默，达不到解决问题的目的，只有把自己的想法表达出来，才能有交流的机会，才有解决问题的机会。即便是出现争吵，甚至激烈争吵也没关系，内心的火气得到发泄和回应，就必然会有“败火”的效果。因为有时候，爱人的埋怨、唠叨和挑剔并不是一定必须要一个结果，而是希望引起对方的重视，或者释放一下压力和郁闷的情绪。

遗憾的是，现实生活中，很多人（尤其是男人）都在婚后患上了“沉默症”。主要表现为：常常觉得与爱人聊天是浪费时间；喜欢一个人做事，不愿意与爱人商量；认为取悦对方是虚伪、庸俗的；从不向爱人认错；从不与爱人讨论生活问题；很少去想爱人需要些什么物品；爱人做了一件自以为得意的事，自己却不以为然，觉得没有什么了不起，不值得高兴，甚至还抢白、打击几句；遇到矛盾或问题，两人经常生闷气；爱人生气时，不会安慰和爱抚，常常置之不理；爱人在谈论想法时，自己常常显得心不在焉；有些事心里很不满，可又怕说出来伤了夫妻感情；不知道爱人对自己哪方面不满意；两人在一起时，常常感到无聊；很少去探究爱人为什么总是情绪不好，等等。而事实上，他在其他场合是很健谈的，在公司里扮演重要角色，在朋友的聚会上滔滔不绝，回到家里却和妻子无言以对。如果你恰恰符合其中的一条、几条、甚至全部，那么就要改变一下自己了。

其实，爱情总会从激情走向平淡，平淡生活本身并不可怕，可如果过于沉默，失去交流，就会为两人的关系埋下隐患。爱人之间，日常沟通是件很重要的事情，沟通是建立与维系，甚或终止婚姻的关键。两个人应该给彼此交流感情的机会。

要想做到有效交流也不困难，每周有一两次和爱人独处的时间，经常用语言和眼睛与爱人交流，陪爱人散步，如上班路上的见闻、当天发生的新闻、自己的心情、对某件事情的感想、最近喜欢的一首歌等，其实这都可以成为两个人一起讨论、一起分享的话题。凡能促进你们之间交流的事，请你多做一些。这样，你不仅会是个好爱人，还会清晰地看到幸福的滋长。

总之，不管是男人还是女人，在爱情中，千万不要表现得太过沉默，要知道沉默能够伤人于无形之中，冷暴力对感情的伤害远远比争吵要严重得多，千万别让沉默葬送了你们原本甜蜜幸福的爱情。

爱情无对错，争吵不讲理

家，不是一个讲道理的地方，因为爱情本来就是没道理可言的，或者说，更多的时候夫妻间是不存在对和错的，不能一味地靠讲道理解决问题。爱人之间的争吵往往是到最后分不清哪个是对的，哪个又是错的，常常出现两个人互相认错的情景。如果两个人不管大事小情非要分出个对错，结果往往只会一错再错，错得一塌糊涂。

如果你是爱对方的，那就没有必要那么较真儿，没有必要非要分出明确的胜负。只要两个人是相爱的，有什么想法是完全可以表达出来的，有什么事情都是可以通过商量解决的。

安妮这些天很苦恼，因为在家里和丈夫保罗大吵了一架。

事情是这个样子的。保罗在公司里面不得意，最近又把自己的顶头上司给得罪了，保罗很焦虑，就把这件事和妻子安妮说了，安妮为了安慰保罗，说："亲爱的，听我说，我知道你很优秀，即使是现在的公司不能留你了，那么，我想，你一定可以找到更好的。记住，我相信你。"

可是保罗似乎并不领安妮的情，反而"教育"起安妮："哦，你怎么能这么说呢？我爬到现在的位置是很不容易的。”安妮见丈夫并没有到辞职的地步，转而劝丈夫：“这样，既然是这样的，那么你就想办法改善和老板的关系，毕竟你现在是在别人的手下做事，能低头的时候咱们就低头也没有关系的。”

然而保罗还是不满意安妮的说法：“你说什么？让我低头？那可没门儿。”

安妮很气愤，觉得老公是在故意跟自己发脾气，把自己当成了出气筒，赌气好几天都不理保罗。安妮的一位闺蜜点醒了安妮：“亲爱的，你是因为爱保罗才和他结婚的，如果爱他，又何必和他计较那么多呢？他跟你发牢骚，那是因为你是他最信任的人啊，只是他一时心情不好，态度才会恶劣的。而你现在一定要认为他那样错了，等他道歉，对你们两个都没有好处。”

安妮听从了朋友的建议，给保罗准备了一顿丰盛的晚餐，好几天没有好好吃一顿晚饭的保罗也感觉到了自己的愧疚，两个人和好如初了。

由此可见，在琐碎的家庭生活中，夫妻之间不必遇事都争个理儿，争个我是你非，我对你错，我长你短，我高你低。在家里据理力争，常常要付出十分高昂的代价。家里本来无大事，琐琐碎碎，平平常常，如果为这些鸡毛蒜皮的事各讲各的理，那这个家庭就只有争吵，不会有快乐与幸福可言。

如果说男人是泥的话，女人就是水，所以男女的结合就是在“和稀泥”。婚姻说得通俗直白点的话，就是两个人搭在一起过日子，不必什么事情都那么计较、那么在意。在这个大千世界里，假如即使是自己深爱的人，你的眼睛里都“容不得沙子”，那样不仅会弄得对方很累，自己也会很累，只能是对两个人的惩罚。正如英国婚姻问题专家塞缪尔·约翰生博士所说：“如果哪一对夫妇试图用理性的推理来处理日常生活的每一件细小的事情，他们将是所有可怜虫中最可怜的一对。”

如果两人还是不可避免地出现了家庭战争，下面这些步骤可以用来缓解气氛：

1. 做好准备，不要急于寻求和解

即使痛苦过后，悔悟深深，内疚重重，也不要急转弯儿。你可尽情整理自己，从容慰藉自己，鼓励自己走出游涡，进行调整，干一些以前想干但没有时间干的事情，如看望久别的朋友、欣赏工艺品、逛街、精心化妆自己……慢慢地，你会变得冷静而理智，这时就该考虑和解。此时，对方无论处于何种状态都不重要，重要的是你以自己的成熟，主动出击。

如果你是理屈的一方，事情也不足挂齿，那么就笼统地道歉一下，态度诚恳，不卑不亢。话要说得明朗中肯，神态要端庄温文。还可以用点小技巧，比如去菜市场买一堆好吃的，煎炸炖炒，也许用不着等菜上桌，炸鱼的香气就可能把爱人引来了：“亲爱的，做什么呢？哈，糖醋鱼。”爱人可能抱住你的腰，给你脸上来个吻，不就“天下太平”了？

2. 撒娇，也是一个和解的特殊技巧

一个聪明的女人向朋友这样分享她的经验：“要是我错了，吵过之后，看他还死绷着脸，我就装可爱、装可怜、装精灵鼠小弟、装蜡笔小新、装樱桃小丸子，总之，就是死皮赖脸地往他身上粘。这招屡试不爽！要是我占理，他错了，我就摆一副后娘脸，再适当赏他一些搭话的机会。他会十分诚恳地向我道歉，诚恳到我绷不住脸。”

即使真理在你一方，也要如此，不要非把“说清楚”当条件。就像有人说的：“夫妻就像跳舞一样，你进一步，我就退一步，不然一定会踩到脚。”所以该让步，一定要让步。

相伴一生一世的夫妻，不可能连一点矛盾都不会产生，如果双方互不相让，针尖对麦芒，非要讲出一个道理来，久而久之，感情就会在“道理”中消耗殆尽，就会影响婚姻的稳定。所以，最重要的是要记住，婚姻需要摩擦，更需要宽容和理解。家永远不是讲道理的地方，不是算账的地方，而应该是讲爱的地方，应该是营造幸福的地方。

受伤，皆因不能站在对方的角度去想

《小王子》中的狐狸说：“这就是我的秘密，它其实非常简单：只有用心灵才能看清事物的本质，真正重要的东西是肉眼无法看到的。”用心灵去看，就是“换我心，为你心”，这其实也是爱情的秘密。

两个人要想相互扶持长久地生活在一起，只有爱是不够的，更需要学会换位思考，相互体谅。没有换位思考，没有对彼此的理解和尊重，冲突和矛盾是少不了的。《马太福音》上说："你们愿意别人怎样待你，你们也要怎么待人"。克鲁泡特金也在《互助论》里证明：只有相互性强的生物群才能生存，对人类而言，换位思考是互助的前提。在爱情中，你经常会陷入千头万绪的复杂局面，挣扎于其中几乎喘不过气来，而换位思考，往往能带领你另辟蹊径，从迷宫中走出来，从而真正体会到爱情的甜蜜。

有一对小夫妻，觉得彼此之间实在是存在太多的问题需要解决了，于是决定在这一天坐下来好好地谈一谈。

妻子先开口了："你有多久没有回家吃晚饭了？"

丈夫也不甘示弱："你有多久没有起床做早饭了？"

妻子接着说："你不回家陪我吃晚饭，我有多寂寞啊。"

丈夫也说："你不给我做早饭吃，你知道上午工作时我多没精神。上司已经批评我好几回了。"

"早饭你可以自己弄的啊，每天回来那么晚吵我睡觉，我怎么能起得来。你可以不回来陪我吃晚饭，我就可以不给你做早饭。"妻子不高兴地说。

丈夫也没有好气地说："你知道我一天上班有多辛苦，压力有多大。一个晚饭，自己吃怎么了，难道你还是孩子，要我喂你不成？"

妻子抱怨说："你总是喝得烂醉而归，有多久没有给我买花，有多久没有帮我做家务了？”

丈夫也抱怨：“你知道你做的饭有多难吃，洗的衣服也不是很干净，花钱像流水，有多久没有去看我的父母了？”

……

就这样，夫妻二人你一句我一句地互不相让，最后竟翻出了结婚证要去离婚。

在路上，这对小夫妻遇见了一对老夫妇，他们正相互搀扶慢慢走着，老公公提着一大兜菜，老妇人则在旁边不时掏出手帕给老公公擦额头上的汗。看到这个情景，小夫妻想起了结婚时的誓言：“执子之手，与子携老。休戚与共，相互包容。”可是现在竟然……于是他们又有了下面的对话：

丈夫说：“亲爱的，我真的很想回家陪你吃饭，可是我实在工作太忙，常常应酬，并不是忽略你啊。”

妻子不好意思地说：“老公，我也不对，不应该那么小气，你在外工作挣钱不容易，早上我不应该赖床不起的。”

“早饭我可以自己热，每天回家那么晚一定吵你睡不好觉，你应该多睡会儿的。”

妻子也忙检讨自己……

就这样，离婚风波平息了。而且从这之后，夫妻俩变得互敬互爱，彼此宽容忍让，更多地为对方着想，恩恩爱爱。

激动的时候，人就会失控，会说连自己都不知道的话，这时，最好换位思考一下，不要把自己的想法强加于人，要给予对方解释的机会，这样才能让婚姻更完美，幸福更长久。

可能你是一个习惯强势的人，你喜欢用自己的意志去改变他（她），并且试图尝试不时地加给对方一些所谓的新情趣和新思想，但是这样的做法是很不尊重对方的独立人格的，往往也会事与愿违，得不到你想要的结果。既然你选择和对方一起生活，就要为了对方牺牲一下，时常站在对方的角度看待问题，理解对方的苦恼和想法，尊重对方的决定和意见。让对方不因为你而失去自我，失去自己的个性。

不过，换位思考看似是一个非常简单的道理，但在实际生活中却很难做到。很多人会认为别人总是不理解自己，不体谅自己，而自己呢，却也很少想到或者真正做到全面去理解爱人。因此，生活中，我们常常发现这样的现象：男人喜欢独占电视遥控器不断变换频道，而女人不介意观看哪个频道；压力之下，男人喝酒做糊涂事，而女人则吃东西或逛商店消费；女人批评男人不敏感，不体贴，不爱说话，很少表达爱意，而男人批评女人不不讲理，废话连篇……男人认为男人是最理智的，而女人认为女人才是。因此发生争执在所难免。其实，这就是男女的思维方式不同造成的，其实谁也没错，缺少的就是体谅和理解，如果大家能站在对方的立场看问题，可能许多你觉得匪夷所思的事会变得合理，至少可以试着去接受。

而且，换位思考还应该是流动的，要使之成为进行时，而不是过去时或将来时。你不能说，到目前为止，已经充分了解对方了，就不再去做新的努力和尝试。人都是不断改变的，因此，你要不断地、与时俱进地理解爱人的心意。如果两个人能做到相互理解，那么感情就很难再有隔膜了。

总之，没有理解就没有更深的爱，没有尊重就没有长久的爱情。没有了爱的婚姻是修行不到幸福的。在相互理解、相互尊重的基础上，任何形式的爱情和婚姻都可以保持长久的幸福感。吵架了，产生分歧了，不能用和一般人一样的方法解决，对自己最亲爱的人，说理、吵架是无济于事的，还是温存和包容来的更有效些。

第三章

再亲密的一对，也是两个人

围城里，先别急着摘掉面具

在恋爱的阶段，不管是男人还是女人，不管是在外貌上还是在性情上，还都比较重视“打扮”自己。然而，当两个人真正踏实下来，住进了婚姻的围城里时，都会立即摘除面具，向对方展现出自己最真实本色的一面。大家都以为，反正你已经是我的，生米已做成了熟饭，懒一点，邋遢一点，对你狠一点、恶一点都没关系。

其实，回归真实，这本也是一件好事，说明你们亲密无间，可是若真实得过了头，真实得忘乎所以，以至于不顾形象，后果还是很严重的。不是有这样一句话吗？因为不了解而结婚，因为太了解而离婚……

理查德与约瑟芬经过浪漫的恋爱，终于携手走上了婚姻的红地毯。蜜月时他们卿卿我我，如胶似膝，可是当他们从难分难舍的情怀中回到现实生活中来时，忽然发现婚姻生活远没有想象的那么简单，热恋时百看不厌的爱人似乎已变得面目全非了，他们这时才惊讶地发现自己好像不知道和谁结了婚。

理查德抱怨恋爱时那个柔情万丈、善解人意的约瑟芬，原来是个神经质的女人，遇事拘谨、固执已见，整天唠叨起来没完。不但如此，她还牢牢控制着家中的经济大权，密切注意着他的行踪，说话时语气稍重一点就又吵又闹，再没有以前依偎时的小鸟依人，谈笑时的娇嗔俏语。

约瑟芬也是满腹牢骚，以前那个风趣幽默、英俊潇洒的理查德，原来竟是个彻头彻尾的糊涂虫和邋遢鬼，衣服报纸信手乱扔，还很少主动清洗收拾。而且他也不再是恋爱时那个忠诚侍卫，手捧玫瑰花笑容可掬地迎接她，手提大袋小袋的零食围在她身边，现在整天在外东颠西跑地不着家，常常是翻尽所有电话簿，打遍所有亲友家的电话，才能找到他的下落。他平常家务活也很少干，每次都是她把饭做好端上桌，而他吃饱喝足后，便大腹便便地躺在沙发上，还一个劲地直喊累，真不知道他结婚前好像使不完的力气哪里去了。

于是矛盾渐渐产生，约瑟芬指责理查德不再爱她，而理查德则认为约瑟芬是想管住自己，两人开始不断地挑剔对方，指责对方的缺点，互相埋怨。这就像一个从山上滚下来的雪球，越滚越大，以至于最后发展成极具破坏性的力量，两人之间的战争不断升级，甚至有两次吵架中提出了离婚。理查德和约瑟芬都对这种情况感到无奈，开始怀念起婚前甜蜜蜜的恋爱时光。

理查德和约瑟芬，代表了几乎所有婚后的男女。

其实，婚姻之所以变成了爱情的坟墓，就是因为男女双方都急于在婚后摘下面具。婚前，男女都以较夸张的行为来表现爱，女的可能温柔又善解人意，男的可能浪漫体贴又大方，两个人相处也以游玩为主。而婚后，生活琐碎具体，两个人都可能表现出自己的本性。例如，许多女人成为人妻之后，就不像恋爱时那样注重装扮了。也因为家庭、工作或其他琐碎事务，女人比较忙碌，顾不上修饰自己，也不再保持身段，饮食毫无节制而身材走形，很容易从“美丽新娘”转变成黄脸婆。尤其有些女人经常是精心打扮好后去上班，回到家里时就卸下诸般“装备”，“洗尽铅华”，把一个头发乱蓬蓬、衣服乱糟糟、心情急吼吼的形象呈给老公看。而许多男人成为人夫之后，也渐渐露出了他们的“狐狸尾巴”，懒散、打呼噜、没有绅士风度，似乎所有的毛病，都在结婚后的日子里一点点暴露出来……

于是，男人会觉得女人变了，曾经挺漂亮、挺温柔的她，如今怎么就那么“不堪入目”，而且蛮不讲理；女人会觉得男人也变了，曾经挺浪漫、挺体贴的他，如今怎么就那么不让人省心，情话还不及谎话的零头……丈夫的眼里，再也看不见那个体贴入微、温柔多情的妹妹了；而妻子也见不到那个百依百顺、总献殷勤的男孩了。恋人间的浪漫的爱情故事，被实际生活所代替了，久而久之自然使夫妻间产生冷落之感，婚姻生活也会沦为一潭波澜不兴的死水，甚至，更严重的后果是出现感情危机，当外界出现一些诱惑，一方会毫不犹豫地选择抛弃另一方。

其实，婚姻，也完全可以成为爱情的乐园，最好的办法就是要让彼此保持对对方的吸引力。夫妻双方都应该尽其所能，让对方迷恋自己。例如：

（1）为悦己者容：每个人对美的追求都会孜孜不倦，无论男女都一样。婚后的夫妇，千万不要在朝夕相处的日子中，忽视了外在的修饰。

（2）始终欣赏：婚前婚后夫妻最大也是最重要最关键的变化就是不再相互欣赏。因此，永远别忘记要常常给予对方赞美和肯定，这可能会给予对方无限的动力。

（3）保持礼貌：对待爱人，千万不要因为太亲密，就不在意礼貌。保持最基本的礼貌，见面时问安，离开说再见，请求帮忙别忘了把“请、谢谢、对不起”挂在嘴边，态度要亲密而不失礼貌，感情一定能长长久久，甜甜蜜蜜。

……

总之，为了让一个承载彼此幸福的家庭永久地稳固，使婚后几十年的夫妻在一路风尘的旅途劳顿后还能有一个心灵休养的场所，最好的办法就是要让彼此的爱与日俱增，尽一切可能让婚后的家庭生活如谈恋爱时一般，让对方每天都有新的期待和新的满足；并且，要不断地完善自己，提升自己，用全新的形象、全新的感觉去吸引对方，让对方那颗已经属于自己的心，依旧为自己心动。

亲密仍需有间，让距离为爱保鲜

每个人都有自己的选择方式，有自己的想法，有自己的定位，每个人的世界都是一个相对独立的空间。没有人能容忍他人擅自闯入自己的空间，即使最亲密的两个人之间也是一样。

也就是说，在感性的爱情里也不要忘记留存一点理性的生活空间。爱情中，男女也应该是两个独立的个体，拥有自由的私人空间、拥有自己的朋友、自己的爱好、自己的事业。不要试图去主宰什么，因为这世上没有任何一个人愿意成为他人的傀儡。给爱人一个私人的空间，给爱人一定的自由，就是给予信任和尊重，我们也会因此而收获更多的尊重和爱。

有一位知识女性，她深爱着丈夫。她的丈夫常年在外经商，但他们的感情十分融洽，从未有过一丝半点的裂缝。有人问："你不担心他在外面寻花问柳吗？"

这位女士回答："我和他的爱从来都是平等的。从接受他的爱那天起，我就给了他信任，我爱他但不苛求他。我希望他成功完美，但我从未把自己的一切抵押在他身上。我担心什么呢？有些时候感情这事儿你放开来看，其实恰恰就是一种最好的把握。有些女人从一开始就把自己摆到一个乞求感情的地位上。悲剧的根源往往就在这里：你对自己都不自信，别人怎么看重你？男人往往就是这样：你过于看重他，也就是昭示他可以轻而易举地主宰你的感情和幸福了！在这一点上你首先就输了。"

感情是最在乎尊重和平等的。不用说，有这种见地和胸怀的女人，男人自然会感到她的可爱了。因为任何一个人在爱上另一个人的同时，并不希望在爱的约束下丧失自己的一方世界。

然而，现实生活中，很多人，尤其是在爱人"成了气候"，而自己还在原地踏步的人，因为心中那份危机感，便拼命想"抓紧"爱人，比如干涉对方的生活，除了管生活小事，还要管他（她）的钱包、查看他（她）的短信，就连对方的工作都恨不得插一手。可结果呢？管来管去两个人感情只会越来越糟。因为你的这种爱已经成为了一种沉重的枷锁，套在了对方的身上，对方已经感觉不到一丝爱的甜蜜。其实，真正的爱情应该是默契、宽容和理解，真正的爱，不会阻止爱人身心释放地去闯荡人生。

你要记住：越害怕失去的就越容易失去。这道理就像抓沙子，你手握得越紧，沙子从指缝间泄落得越多，你松松地捧起它，反而会收获满满。因此，聪明如你，请尝试着让自己的心灵变得通达起来，在适度的自由、放任中，使爱坚固和永恒。

1. 在交往上给爱人一份自由

如果这项自由被你固执地取缔，最直接的恶果就是造成爱人对你、对爱情的失望。因此，不要因为担心失去爱人，而整天缠着他（她），眼睛不要总盯在爱人身上，适当地给他（她）一定的自由，他（她）有他（她）的朋友圈子，他（她）有他（她）的事情做；同时，你也可以做自己喜欢做的事情，比如和你的朋友一起去玩，或抽空自己去旅游。让爱人对你有一种“一日不见，如隔三秋”的感觉。

而且，从心理层面来看，交友的自由对于每个人来说，都是关乎他们的价值观、社会关系等方面的。你不认同甚至限制他（她）与朋友的相交相处，就很难再令爱人对你充满爱火激情。

2. 在观念上尊重爱人的看法

尊重对方的审美情趣和兴趣爱好，给爱人一个私人的心灵空间。不管他（她）是喜欢琴棋书画、钓鱼打球，或是喜欢研究唐宋诗词、明清家具。如果他（她）在爱情中能够长久地保持着对自我爱好的热情，并且不被打扰甚至恶意阻碍，那么他（她）对你就会充满了感恩。

3. 在行事上相信爱人的能力

不要时时以你的观念和看法来要求对方，不要把你的意见强加在对方头上。爱人有自己的想法，虽然有时是你所不能理解的。但尊重他（她），理解他（她），也是给爱人空间，让他（她）自由地去做事，使他（她）更容易发挥出超常的能力。

4. 在经济上不用严格控制

这方面，是女人尤其要注意的。传统的女子信奉“抓住男人的胃”就是抓住男人的心，而现代女子更乐于抓住男人的经济命脉，因为她们笃信一条：男人一有钱就变坏。为了防微杜渐，防患未然，不少妻子对此表现出了巨大的热情，不仅掌握老公的“收”，更要严控其“支”，以为这样便能够破坏男人变坏的基础。要知道，这么做不仅抓不住丈夫的心，还会使丈夫在朋友面前顶着怕老婆的名头，在很多时候大失颜面，另一方面，他还可能背着你偷敛私房钱。

5. 在相处中给爱人一个空间

据某项来自英国的调查结果，超过七成的男子表示最无法忍受的是爱人的唠叨。当然，唠叨也并不是女人的专利。不管是男人还是女人，一个总是拒绝让爱人独处的人，与其说是专制的，不如说是脆弱的。并不是他（她）自己完全不懂打发时间，而是无法理解爱人独处时究竟是在思考事情还是不想理他（她），后者令他（她）崩溃。所以他（她）总是想方设法破坏爱人的这项自由，结果却使爱人更加躲着他（她），甚至不想回家。

总之，爱情不应该是枷锁和牢笼。新鲜的空气、自由的天空，人人向往。相爱的双方依然应该有自己的交际圈。交朋友、参加各种应酬的权利，不应该因为爱情关系的建立而终止。聪明的人应该懂得恰如其分、游刃有余地把爱人紧紧抓住、收放自如。

没有看不厌的美貌，有个性才有魅力

“爱美之心人皆有之”。在爱情中，审美，确实无可辩驳地占据了巨大的比重。不过，美人也会迟暮，当昔日的美女帅哥在年龄面前败下阵来时，爱情又将靠什么维持长久呢？

答案就是个性！所谓的个性就是一个人独有的品位和气质。现实生活中，我们会发现，有不少人长得很不错，几乎挑不出什么毛病，但总给人感觉缺少点什么东西，其实，缺少的就是个性，一种属于自己的独特，一种让人从芸芸众生中一眼就能认出来的标志。

当然，我们每个人都有自己特定的个性，这一点毋庸置疑。可是遗憾的是，很多人在爱上另一个人后，往往就失去了自我，忘记了还应该有自己的思想，变得只会盲目顺从，结果，反倒让爱人日益厌倦。因为你的顺从不仅会让爱人渐渐感到乏味，还会让爱人感觉不到精神上的依托和携伴。而这种得不到宣泄的结合，只会越来越使爱人感到枯燥，从而想逃离婚姻，去寻找另一份感情。

曾听人谈论过这么一个女孩。

她永远都是这样的打扮：白色的棉布T恤，粗帆布裤子。时常大笑，笑容如正午阳光般灿烂，从来不化妆，奔波在京城的各大新闻聚焦的场合里。她有着媒体人独有的形象：性格豁达，内心强大，全然没有小女人的卿卿我我。在感情上，她的气势也能让她保持足够的自我。

在媒体场合，常常看到她清瘦的身影穿梭在众多的女明星之间。在星光耀焰的女明星中，她的独立和坚强，使她在一丛丛的玫瑰间绽放出不一样的光芒。

但有一天，她改变了。在一次发布会上，她扛着摄像机，脚下穿7寸的高跟鞋，着套装短裙。肩上笨重的摄像机和她周身的打扮格格不入。原来，她恋爱了，因为爱，不知不觉间她开始改变自己。

后来，她出现得少了，渐渐淡出了媒体圈。再见她，是在熙攘的大街上，她挽着一个男人的手臂，妆容、衣饰无一不是精心搭配，小鸟依人，一脸的幸福神色。男人的钱，足够她在家做一个全职太太，所以她已经不上班了，每天的工作就是打打毛衣，和圈子里的富家女人们一起做做美容。

嫁个大款，是许多女孩子梦想的事情。但后来听说她离婚了，因为男人有了外遇。

因为爱，我们开始依赖；因为依赖，在不知不觉间，我们就改变和失去了自我；因为失去了自我，我们最后又丢了爱。这个怪圈，但愿我们所有人都永远不要走入。

可是，要想在爱情中保有个性，这并不是一件容易的事。男女双方在交往时，为了博取对方的好感，都会小心翼翼地竭力迁就对方。其实，这是一个误区，因为顺从不一定会讨人喜欢。很多时候，多一点儿个性，爱情反而会更精彩、更快乐。

那么，在爱人面前，如何形成并保持自己的个性、创造自己的个性魅力呢？

1. 要接受并敢于秀出真实的自我

掩饰，其实是一种做作，透露出的是不自信，想用从他人那里模仿来的优点替换自己本色的念头是错误而愚蠢的，是一件辛苦却又得不偿失的事情。

现实生活中，很多人为了赢得别人的喜爱和尊敬，故意掩饰真实的自我，做出自以为大家喜欢的姿态，或者为取悦于人不断地对自己说："一定要在开始就给别人留下好印象！"但是，她们又不知道到底如何才能迎合别人的心意，越是想取悦他人，越是找不着正确的方向。于是，本来开朗大方的女孩却故作矜持装出文静的淑女模样；明明已经是徐娘半老的女性偏偏想要借助犹存的风韵扮成活泼可爱的青春少女……她们以为这样大家就会喜欢自己了，殊不知，每个人都有自己的特点和个性，坚持自己的本色才是别人所欣赏的。不仅是因为"一家之言"要比"人云亦云"更讨人喜欢，更能给人留下好印象，更重要的是，掩饰自我、做作和伪装只会遭人厌恶。

2. 不做顺从的奴隶

因为太顺从了，就没有自己的个性了。性格过于温顺，乍看似乎很讨喜，但时间久了，就会让爱人感到平淡无味，缺少刺激。人要有自己的主见、自己的性格，才有吸引别人的魅力。

因此，要想使爱人的感情与你更融洽、更和谐，千万别一味迁就对方。你不妨掌握一个秘诀：时常和你的爱人吵个小架！因为偶尔的刁蛮，反而激起爱人更大的兴趣。你要让对方感觉到，你不是对他（她）“一言既出，即如圣旨”，这样他（她）就会觉得你充满了魅力。相反，如果你太听话就会让他（她）对你熟视无睹。有时候，或许他（她）更需要你反驳的意见，因为这样可能会给他（她）更多的惊喜与灵感，让他（她）有一种死水微澜的感觉。总之，该顺从的时候顺从，该自尊时又不屈不挠地昂起高傲的头。爱人不敢轻视你，又想降服你，于是你们之间的感情总是新的。

独立，让你在爱情中永远保有自尊

很多人都知道，独立是一种美好的品德，它代表自信、勇敢、坚韧、积极和努力，是一个人借以安身立命的根本。然而，很多人不知道的是，在爱情中，它也有着特殊的意义。

从某种意义上来说，独立，是爱情的支撑点。因为，爱情并不是一个人背着另一个人走，而是两个独立的人并肩一起走，相依为命，同舟共济，有共同的人生目标和方向，有共同的道德观、价值观、人生观。两个相爱的人，都应该把对方和自己视为独立的个体，永远尊重对方和保持自我的成长，大家相互交融又彼此独立，这样的爱情相信一定是美好的。

安东尼拥有自己的公司，和太太基蒂结婚后舍不得让太太操劳，太太也乐于做安东尼背后的那个人，但是随着时间的推移，孩子也大了，基蒂发现因为不用外出工作，自己的空闲时间很多，有时候老公有事情想要和自己商量，但是自己脑袋里全是家务、家务、家务，一点忙都帮不上。

安东尼开始有点看不上基蒂了，因为这个时候基蒂已经不是当初那个独立、自信的小女孩儿了，有时候，安东尼也会忍不住脱口而出："天！饶了我吧！你脑子里现在没有别的人，除了孩子就是这个家。不要在我面前提那些烦人的家事了吧！"

基蒂很苦恼，觉得自己为了这个家付出了很多，但是却没有换回来老公的感谢，反而是嫌弃，两人之间的交流越来越少，感情也越来越淡了。

于是，深夜梦醒的时候，基蒂不断地追问自己：这真的是我想要的生活吗？答案是：不。我要独立，不是因为别的，而是需要。于是，趁着安东尼到加州去发展的机会，基蒂开始像一个应届毕业生一样，走上了求职之路。终于，她在一家报社开始做编辑，尽管工资不高，却让她觉得很踏实。基蒂说："在这个人才济济的城市里，我看到了太多优秀的女人怎样生活。如果你问我，现在累吗？的确有点累，但我很满意。现在，见到我的朋友总说我比以前更有神采了。"

而且，让基蒂意外的是，她和老公的关系也越来越好。后来，她总结了其中的原因：自己不仅是经济独立了，而且精神也独立了。她不再对老公依赖，自然矛盾也就少了许多。

不管是已婚还是未婚，不管是男人还是女人，都应该拥有一份事业，以保持经济的独立，爱人把钱给你花，是因为你们有这样或那样的基础，除了自己拥有，没有什么东西是永恒不变的。若有一天，爱人的金钱不再给你支配，你又该如何去面对生活呢？而有了独立的经济来源，不管将来你们的爱情有没有问题，都会使自己轻松快活、扬眉吐气。

当然，独立，并不仅仅是指经济上的，要想在爱情中保持真正的独立，还应该包括感情独立和思想独立。

感情独立，就是自己要当感情的主体，而不要当感情的客体。设法使自己成为一座发电厂，视情况自如收放。感情要求只要合理，马上输出电流给予支持，若不合理立刻截断电流、拒绝纠葛。千万不要使自己成为柔弱攀附的菟丝花，一味在人际牵缠中获取怜爱及满足的结果，只会导致惶惶终日，毫无成长。

不过，要做到情感上的独立，可不是一件容易的事。尤其是对于女人来说，从性格特征来说，女人总是多情善感和脆弱一些。尤其进入围城，从此死心踏地，想的只有和他一生一世，对男人情感上的依靠是天性使然。但你要知道，除了爱情以外，还有很多重要的事情值得你去做。不妨多见识一些真正优秀的男人，这时你会发现你爱着的那个他也不过是衣服上的一颗白饭粒，不是你的救命粮。因此，不要对那个人说“没有你我就活不下去”之类的傻话。那是琼瑶笔下不食人间烟火的女孩儿的专利。不把所有的心思和情感都寄托在他的身上，他不会因为你的忠诚而挚热的感情而感动，相反，他会越不把你当一回事。

除了感情独立，还需要从思想上对自己确认，知道什么该做什么不该做，不盲从、不人云亦云，有自己的想法，坚持自己的观点，这样，才能赢得爱人真心的喜爱和尊敬。

当然，爱情中的独立也是有学问的。太不独立会让爱人感到太累，可若太过于独立，又会让爱人找不到感觉，做一个既独立又在某些方面依赖爱人的人，才能使爱情平稳地向前迈进。

把“不过于依赖”作为爱情的信条

爱情中的两个人，往往是同住一室、共宿一床、同吃一锅，只要一方有的另一方也少不了，因而有些人就产生了依赖对方的想法：自己不会做饭干脆不做，再晚也要等着对方来做，实在等不回来了，就到外面吃；电路故障、下水道堵塞、电器损坏等，一概无可奈何，就等着对方来处理这一应让人堵心的事……像这样的，天塌下来也有对方给顶着的想法的人肯定不少。

然而，爱人之间切忌过于依赖，无论男人还是女人，爱情，都不是让自己丧失独立人格的理由。当把不过于依赖对方作为爱情的信条时，两个人就会共同学习料理家务，共同处理各种事务，而且，即使在爱情遇到意外变故的时候，自己也能独当一面，也能应付自如，继续快乐地生活下去。

那一年，贝丝因为种种原因没有了工作，起初贝丝也彷徨郁闷过，但毕竟还很年轻，渐渐也就释然了，更何况贝丝还有个不错的婚姻，丈夫罗宾向贝丝信誓旦旦："亲爱的，别怕，有我养你呢！"

贝丝也就一心一意地做起了全职太太，起初的日子是甜蜜温馨的。贝丝把精挑细选的原材料变成一道道美味的菜肴，把家里打扫得窗明几净。罗宾每天回到家里，都有可口的饭菜和舒适的环境，所以两人都各得其所。

然而随着时间的推移，贝丝开始厌倦这种仿佛与世隔绝般的主妇生活，而罗宾不仅理所当然地不做任何家务，贝丝向他要生活费的时候，他也开始皱起了眉头。两人的对话越来越少。矛盾终于在一个夜晚爆发，那是源于一道罗宾最爱吃的炒菠菜。可刚吃了几口，就听罗宾哎呀了一声。他呸呸吐了几口之后，才对贝丝嚷道："你怎么洗的菜，里面有沙子，硌了我的牙！"贝丝赶紧解释道："我今天可能洗菜的时候匆忙了点儿，下次注意！"罗宾却不依不饶了："你知不知道我最怕吃到沙子啊？你每天班也不用上，全靠我养着，在家都忙什么呢？连菜都洗不干净，你还会干什么？"说完恼怒地拂袖而去。

那一刻，贝丝终于明白了那一粒沙背后掩藏的婚姻危机。

那个夜晚过后，贝丝抛弃了靠别人生活的想法，也放弃了无所事事的生活方式，开始了新的属于自己的日子——读书、充电、交友、择业……半年之后，贝丝重新成为人们眼中一个自信优雅的女人。

又是一个夜晚，贝丝为罗宾做了一道清炒菠菜，而这一次，确实是因为时间紧张，菜洗得不够彻底，罗宾再次被一粒沙子硌了牙齿，贝丝有些不好意思了："算了，这菜别吃了，下次我一定洗干净点儿！"不料罗宾并未生气，反而过来安慰贝丝："这有什么，不过一粒沙子嘛，再说你现在也挺忙的，能吃上现成饭我已经心满意足了！"说着，把沙子吐掉，又大口大口地接着吃了起来。

那一刻，贝丝也终于明白，不过一粒沙，在平等与尊重的婚姻里，它就只是一粒沙，而在两个社会地位与经济地位悬殊的人组成的家庭里，却可以成为婚姻问题的导火索。

其实，最美满的婚姻，就应该是这样：男女双方形成一种内在平衡的关系，即双方都拥有各自的人际关系、经济基础、生活空间与事业。既互为依靠，又各自独立，这也是生活的智慧。

对于女人来说，很多女人将男人当做是可依可攀的树，她们喜欢像藤一样缠绕和依靠在男人身上。这种女性在心理上缺乏自立、自信，想把头靠在一个宽厚温暖的肩膀上，想有一双有力的胳膊搂紧自己，让自己在波澜不惊的港湾里安闲地栖息。尤其一些长相漂亮的女孩更是娇娇女，事事依赖男人，拿个水杯也要男人递过来，有点小事就哭哭啼啼，躲进男人的怀抱。

而对于男人来说，很多男人对家的依赖也并不比女人少。这不单指一盆脏衣服需要洗，掉下的纽扣需要缝，有可口的饭菜与舒适的房间，更多的，是心灵上对女人的依赖。

诚然，婚姻的幸福，有一个重要的来源就是“获得一个生活中可以依赖的人”，夫妻双方在感情和心理上的相互依赖可以加深彼此之间恩爱的程度。但过于依赖就有可能成为对方情感和心理上的包袱，只会使爱情受累。

从表面看，过度的依赖是爱的一种表现，实际上却是对爱的一种掠夺和占有。因为正常的依赖是一种相互支撑和心理满足的状态。但爱情中的过度依赖者，却只在乎别人能为自己做什么，却从不考虑自己能为对方付出多少。他们苦思如何获得他人的爱，甚至没有精力去爱别人，如同饥肠辘辘者只想着向别人讨要食物，却不能拿出食物帮助别人。他们觉得寂寞、孤独，永远无法体验到满足感。尤为可怕的是，他们甚至不知自己患上了“依赖症”。他们不能够突破自我界限，其人生价值依赖于同别人的情感关系。或许他们未必永远自私自利，但其动机无非是想牢牢抓住某个人，获得需要的关心和照顾。假如无法达到目的，他们就不会为别人（乃至为自己）做任何事情。所以，这也就不是真正意义上的爱。

因此，如果你们是真心相爱，就不要把对方当成惟一的依靠。要知道，这个世界上，婚姻的大厦是要两个人共同建设的。指望从别人那里得到依靠，得到快乐，都是不现实的。与其等待别人付出，不如自己主动去付出。这才是对待爱情的积极的态度。只有两个人都抱着这样的态度，去建设自己的感情，感情才最有可能朝向健康的方向发展。

为婚姻立界限，爱才有存在空间

爱情之初，两人牵手相约：从此，要你中有我，我中有你；从此，要快乐着你的快乐，悲伤着你的悲伤。不过，合二为一，心心相印，当然是幸福的一种境界，可是，处理不好，也会有很多烦恼：比如，她惹了麻烦，你得跟在她后面收拾烂摊子；他挑剔饭菜，你得鞍前马后地侍候……一次两次，一天两天，或许不算什么，可长年累月下来，却没有几个不烦，没有几个不累的。

所以说，要想让爱情长久地存在下去，就需要我们每个人都对自己负责。

“对自己负责”，这话说着容易，可真的落实到爱情中，也不是那么简单的，许多人要么就是推卸责任，要么就是责任全包。但不管是那种情况，结果都不乐观。抱怨“嫁错郎，娶错妻”的人是将责任往对方身上推，希望越大，失望也越大，而那些具有无私奉献精神的人却是将责任全揽到自己身上，一头栽到对方的生活里，被对方牵着鼻子走，最后是迷失了自我，累了自己，对方还不满意。

江丽的丈夫李克升职后，对工作非常投入，几乎每天下班之后都要加班一两个小时才回家。江丽越来越不能忍受他频繁的晚归了。因为江丽是一家网络电台的兼职播音员，每天晚上九点，她必须准时坐在电脑前开始直播。女儿在晚饭前总是坐在电视机前，晚饭后才肯安静下来写作业。丈夫的晚归使得他们晚饭时间往后推了一两个小时，她和女儿的计划都受到影响。晚上八点五十，她还常常在厨房忙碌着，九点钟匆匆忙忙坐到电脑前时，根本无法投入；女儿为了赶写作业，每天熬到深夜。

江丽对李克多次警告、提醒、抱怨，但是都没有用，他有冠冕堂皇的理由：“我这么卖命，还不是为了多挣些钱，让一家人过得好。”或者他不屑一顾地说：“不就是回家迟了一点儿吗？有的男人到半夜才回家甚至彻夜不归呢！”

江丽向朋友倾诉苦恼，朋友给她出了一个主意。江丽决定试试看。

一天晚上，江丽和颜悦色地对李克说：“亲爱的，我要向你道歉，最近我总是抱怨你回家太迟，我态度不太好。”李克一听，手中的茶杯都落了地。江丽继续说：“每次你一回家，我就像一只凶悍的老虎。难怪你不想回家，谁受得了这样的恶妻呢？”“亲爱的，你说的没错，我很讨厌你不停地抱怨，所以我就故意避开你。”李克接口说，“比如前天，本来我只会迟 10 分钟下班，可是一想到你的唠叨，觉得不如多磨蹭一会儿，所以又打开电脑玩了半个小时的游戏才回来。”

江丽听他这么一说，心里来了气，但她克制住自己没有发火，而是继续温言软语：“亲爱的，今后我会试着控制自己的脾气，也会尽可能体谅你。我不仅会改变态度，做法也会稍有不同，我和女儿晚上都有自己的事，不能老是等你，我们会按时吃饭，然后将你的那一份放在冰箱里，你回来后自己放到微波炉加热吧。”李克马上抗议：“我最讨厌自己动手，我在办公室累了10个小时，希望回到家有热气腾腾的饭菜等着我。”“我也希望这样，亲爱的。除非你能重新安排时间，早点儿回家，否则，我们会按时吃饭，然后去干自己的事。”江丽说。

接下来的好几个晚上，江丽果真逾时不候，按时吃晚饭，她的网络直播和女儿写作业的计划又可以有条不紊地进行了。李克很不情愿地吃了几顿微波炉加热餐，最终学会了更有效率地掌握下班时间了，如果工作实在没做完，他会将工作带回家，确保准点回家，和妻女共进晚餐。江丽后来问李克如何改变了自己的加班习惯，大夫回答：“首先，你变得和颜悦色了，我愿意回家；其次，我讨厌自己动手，讨厌吃加热的饭菜。”

在婚姻里的男女关系中，无论是男人还是女人都有自己对家庭的责任和义务，但是不可否认的是，往往女人承担着比男人更多一点的责任，照顾家庭，照顾孩子，照顾老人。但是聪明的女人要学会像江丽一样，只担负自己的责任，而把对方的责任交还给对方。这样的话，彼此不但有机会成长，两个人之间的关系也会变得更加和谐。

例如，女人虽然有天生整理家务的能力，也天生有照顾男人生活的爱好，可以甘愿为自己心爱的男人洗衣熨裤，让男人和结婚前的脏衣服、臭袜子堆成山的生活彻底划清界限。但是，如果成为男人的“全自动洗衣机”的话，男人不仅会养成“衣来伸手”的坏习惯，还会嫌弃你因为活干多了，变得越来越粗糙的双手。因此，你要学会狠下心来，督促丈夫每天能够自己洗自己的袜子，最好能训练丈夫隔三差五能把你的袜子也洗了。当他知道操劳的辛苦的时候，自然就懂得要好好呵护你。

再比如，男人比女人有主见得多，而许多女人也甘愿让男人成为一家之主，但是，男人不能大事小事都做主，不允许女人表达自己的意见。如果到了这样的地步，女人要么事事都依赖男人，让男人感觉到是负担；要么就嫌弃男人大男子主义，最终弃男人而去。因此，如果男人足够聪明的话，最好是大事商量，小事放权，这样男人乐得轻松自在，女人也不会觉得自己很没用。

总之，婚姻这一束花需要夫妻双方用责任来共同浇灌才会愈加娇艳，任何一方的缺位都会让其暗淡无光。既不推卸责任，也不揽责任，这才是婚姻长久之道。夫妻双方都要学会更清楚地界定自己，重新恢复为两个能同时付出爱，也接受爱的独立个体，并逐渐成为彼此的知己与良伴。

先爱自己，才能更好地去爱别人

如果让你把生命中重要的人在心里排一个序的话，那个最重要的位置，你会给谁？

是爱人？孩子？父母？朋友？还是你自己？

许久以来，很多人，尤其是女人，并不是在为自己而活，而是在为家庭、为爱人、为儿女而活。我们常常听到女人说诸如这样的话："我这一辈子什么都没有，就指望我闺女了，要是没有她，我早就不活了。""你就是我的全部，如果你抛弃了我，我该怎样办呢？"……为了孩子，为了爱人，很多人给自己留的生活空间愈来愈小了。当然，不是说奉献精神不好，而是你应该在关爱孩子和爱人的时候不要把自己给遗忘了，也要为自己而活。

几年前，王倩结婚了。为了更好地相夫教子，她辞掉了令人羡慕的工作。起初，她对这样的生活感到很满意，每天不用那么辛苦地去上班，只用打理好自己的小家庭就好了。可是，她的生活圈子也越来越小了，再也没有和朋友出去聚会过，没有工作也就没有同事之间的来往，每天都围着她生命里最重要的两个人转。因为她觉得丈夫在外面工作辛苦，就尽量把他照顾得无微不至，家里的家务活从来不让他沾手。人人都说王倩是个贤惠的好媳妇，王倩为此感到十分的满足。她喜欢看韩国的电视剧，看到里面那些优雅的主妇，她就非常的羡慕。她总是不明白，为什么自己就优雅不起来呢。

可是，渐渐地，王倩发现丈夫变了，回家的时间越来越晚，和朋友出去聚会也不会带上她。她开始感受到他的冷淡与麻木。虽然他没有外遇，但王倩以女性特有的直觉告诉自己，他们之间已经有了一条说不清道不明的鸿沟，隔离了曾经深厚的感情。为此，王倩很是苦恼，于是邀请一位朋友到家里做客，陪她聊聊天。当朋友看到她时，也吃了一惊，她原本细嫩红润的脸蛋，如今布满了沧桑，曾经的美人已经变成了一个十足的黄脸婆，不仅不用化妆品也不去美容院，着装更是没有品位。朋友终于知道她为何而苦恼了，就严肃地提醒她，这样下去不仅会迷失了自己，总有一天会吃亏的。

朋友走了，王倩反思了许久，自从她没有工作以后，无论做什么都得听丈夫的。自己的视野只有家庭，这样的生活只会让她越来越迷失自我。于是，王倩决定改变自己，重新做回原来的自己，把生活的重心放在自己身上。

爱情中的人最容易犯的错误就是，喜欢牺牲自己，以为只有这样爱人才会感动，才会更爱你。其实，不管是男人还是女人，都不应该为了爱情而失去了自我。先爱自己，才能更好地去爱别人；只有自己爱惜自己、尊重自己，才能令他人欣赏自己、疼爱自己。为爱情奋不顾身，有时候反而会成为阻碍爱情的最大障碍。因为这样的爱已经失去了平衡，天长日久下去，再稳固的情感根基也会受到动摇。

当然，自爱，并不是说人应该自私自利，也不是说人要只顾自己享受，置他人于不顾，而是要懂得适时地关心自己，呵护自己，为自己而生活。

首先，永远不忘打扮自己。

“爱美之心人皆有之”。虽然很多人标榜自己并非“外貌协会”会员，然而，在爱情中，美还是无可辩驳地占据了巨大的比重。如果女人因为婚后生活的忙碌而熬成了“黄脸婆”，男人因为家庭责任的压力而熬成了“邋遢大王”，互相都让对方看到了自己糟糕无比的形象，那么，你在爱人心目中的地位和从前就会大不相同。

因此，如果你要想在婚姻里永远拥有爱情的滋味，就要学会善待自己，在懂得照顾家庭和经营事业的同时照顾好自己，让自己的婚姻生活更加漂亮，更加有情趣。随时关注自己的形象，比如时常换一个漂亮的发型，添置几件新衣服，买上几条合适的领带，甚至换一种牌子的香水，享受变化着的生活，随着时代步伐的进步。这时你会发现，保持爱情的长久也可以是一件容易的事情。

其次，永远不放弃自己的梦想。

为自己而活的人，不为不可知的未来而焦虑期盼，不因对往事惋惜而不能自拔，只知道现在的每一分每一秒才是最重要的，才是能够确定的。不为了爱情而盲目牺牲自己的事业、学业、朋友、亲人等，更不会做一厢情愿的无谓牺牲，不放弃自己的梦想。

其实，爱情是最在乎尊重和平等的。真正的爱情，是需要分清你我的，你的时间、你的事业、你的隐私、你的想法、你的友谊……当我们静下来的时候，我们会想到，除了爱情，原来还有很多东西是值得付出的。我们的人生也因为有了这些东西，才更显得丰富多彩，才更能体现人生的价值。而爱人也会因为我们的丰富多彩而付出更多爱。

再次，付出的同时永远不忘索取。

当我们爱上一个人，会主动地付出，例如帮另一半打点穿着、照料生活细节、打扫洗衣、当跑腿……并希望以此赢得对方的注意，赢得爱人的真心。爱是奉献，这没有错，不过，爱人却并不会因为你爱了他（她）多少，为他（她）付出了多少而更爱你。只有做到了自尊自爱，才会得到爱人的尊重，从而得到真正的爱情。因此，在付出的同时，也不要忘了索取。

在爱情中，你要学会适当地“索取”，学会向爱人“要求”你想要的东西——当然要记得对对方表示感激和赞赏，而爱人一般是很愿意让自己所爱的人满意的。

总之，爱是一种交流，一种互动，爱是两情相悦，而不是一厢情愿。在不平等的前提下谈真爱只是一个笑话。试想一下，一个完全没有自我的人，一个成为别人附属品的人，还是一个爱自己的人吗？还会有人欣赏，有人爱吗？因此如果你还希望得到真爱，得到尊重，就请你从现在开始学着做一个懂得爱自己，懂得保护自己的人吧。

这才是爱情：相互勉励，共同进步

在爱情里，其实还有一个隐性的功能，那就是爱人间的竞争。因为如果一方是紧跟时代的步伐，努力上进，而另一方默守陈规，这样两人就不能同步，差距太大，必然会影响交流，导致感情不合。建立相互勉励、携手共进的相处模式有利于两个人共同进步，树立高尚的目标，爱情中有困难相互更能理解，这样的爱情才是有活力、有激情的爱情。

范妮长相甜美，性格也细腻，就是性格中依赖别人的成分太多了。和宋文初恋的时候，范妮小鸟依人，撒娇装痴，用尽了一切小女人的手段，使宋文爱得如火如荼。不久范妮就和宋文步入了婚姻的殿堂。

结婚后，范妮工作了两年，觉得又累又生气，而这个时候宋文已经升做经理，也有能力独自负担家庭的开支，于是范妮毫不犹豫地选择做了家庭主妇，每天除了化妆、时装、美容还有搞笑不断的美剧等，就是柴米油盐酱醋茶了，就这样一年过去了，范妮忽然觉得心里越来越没有底了。

原来范妮发现不工作的自己和丈夫的话题越来越少，自己除了家里的琐事以外没有别的话题和宋文聊，只能每天睁着好奇的眼睛听丈夫讲外面的世界。最近，范妮对宋文的依恋可以用走火入魔来形容了。和丈夫聊天成了范妮每天最重要的内容，甚至每天都会打五六个电话到宋文的办公室。

更加严重的是，范妮开始怀疑宋文有了外遇，还会时常查看宋文的手机，这让宋文难以忍受。过了没多久，宋文果真有了外遇，他挽着另外一个女人的手对范妮说："我们离婚吧，我爱上了别人，因为你不能和我一起成长。"

婚姻爱情是很美好的东西，但是如果两个人不能一起成长、一起进步的话，再美好的爱情童话也会在眨眼间灰飞烟灭。范妮犯的最严重的错误就在于此。结婚后，女人应该放下花前月下、小鸟依人的情怀，男人需要的是能够和他一起成长的好伴侣，而不是一个撒娇装痴的小女孩。只关心柴米油盐，不关心外部世界的女人，是不知道和男人一起成长的，更不能跟上男人的脚步。长此以往，不管是和比自己弱小还是比自己强大的人生活，都会不太协调，或者说更累，最终也只能走上离婚的道路。只有处于同一心理时段，两人的相处才最自然、最轻松、最平和，婚姻最好就是两人发展同步而且是共同进步的。

因此，不要以为结婚后就万事大吉，以为爱人对自己的爱会因为一张结婚证而永葆浓郁，自己就可以因此“不思进取”。如果对方在不断进步，而你却始终原地踏步，甚至退步，那你们之间的差距会越来越大，直至变成一条埋葬你们爱情的鸿沟。如果不愿看到自己心爱的人离自己越来越远，那么，你进步的同时就不要把他（她）抛下；同样，看到对方进步，自己也要努力跟上。相互勉励，共同进步，这才是爱情。

许多伴侣走不了很远，或者走得很不顺畅，一个重要的原因就是缺乏共同语言，缺乏同舟共济的生活体验。就像出生入死的战友情深一样，甘苦与共的感情是最经得起考验的，因为“一个人可能会忘记一起笑过的同伴，却不会忘记一起哭过的人”。因此，无论男人女人，如果彼此可以在事业上共同进步，在生活上共享甘苦，才能够加深彼此的感情，婚姻生活才会更加美好。

比如，女人可以帮助男人创造和谐的人际关系。当丈夫的朋友到自己的家里做客的时候，妻子能够满脸笑容地接待朋友们，不仅丈夫有面子，他的朋友还会时不时到你们家去做客，久而久之大家的感情就会越来越好。那么，当丈夫遇到困难的时候，就知道该向谁求助了，而你也是可以向他的朋友们求助的，别人肯定会为你平时友好的招待而帮助你。而男人也可以在工作上给予女人最大的理解和支持。现代女人是独立的女人，有自己的工作和事业，但是女人毕竟是柔弱的，如果男人能够在事业帮助自己一把，那么自己工作起来就会轻松很多。比如丈夫在下班回到家里后，询问妻子在工作上遇到了什么困难，帮助妻子一起解决困难，突破困境，妻子在收获事业的时候，必定会投入更大的热情到婚姻里。

无论是男人还是女人，都需要来自另一半的支持。所以每个做妻子、丈夫的，应该在他（她）困难时帮他（她）一把，在他（她）迷惑时，为他（她）点明事理。让贤慧明理的妻子成为丈夫最好的帮手，让足智多谋的丈夫成为妻子最好的帮手，这是夫妻两个人在婚姻中都要学会的，这是创造幸福婚姻两个人共同努力的方面。

另外，还要特别注意的一点是，双方在共同努力共同进步的时候，对于方向的把握也是至关重要的。你可以这样想象一下，两个人即使是没什么大的能力，但只要他们在生活中心往一处想，劲往一处使，那么他们的家庭之车还是在稳步向前。而那些非常有本事，但生活目标截然不同的男女结合在一起，越是能干，给对方造成的阻碍和伤痛越大，他们的家庭越是有被撕裂的可能。相对而行与相向而行，一字之差却谬以千里。确立一个大家都能接受的共同目标，这也是创造幸福生活的关键。

第四章
给予的与需要的别成不等式

只做“新娘”不做“娘”

现实生活中，不少男人在择偶时，会不自觉地将能照料自己生活、上得厅堂下得厨房的女人作为首选。他们甚至喜欢称呼老婆为“妈妈”，例如《围城》的作者钱钟书就很喜欢随着女儿一起称呼妻子杨绛为“娘”。如果男人喜欢这么叫，这样可以增进夫妻感情，让他叫几声“妈妈”，也或者“娘”本也无妨。但作为妻子，你千万不要自然而然地以为，你的工作还包括教导丈夫如何为人处世。事实证明，如果你对丈夫的生活处处进行干预，他们只会感觉自己未被信任和接纳，烦厌之心油然而生。

原因很简单，即便男人有恋母情结，可并没有哪个男人真正想娶回家一位母亲般的女人，时刻教育自己、管制自己，男人们更需要的是一个愿意接纳、包容和懂得欣赏他的伴侣。所以，作为女人，你必须明确自己的定位：只做他的新娘，而不做他的第二个娘。

张强和宋美是结婚多年的夫妻，但是他们的夫妻关系却很不让人乐观。宋美过多的关心让张强觉的是种负担。

每次张强出差，动身的前一天晚上，宋美会问他准备何时启程，又问他的飞机何时起飞。接着，她在脑子里进行了一番盘算，胸有成竹地警告张强："亲爱的，你没有留出足够多的时间，不能及时坐上飞机。"宋美认为自己是在关心他，而张强却觉得自尊受到了冒犯："我在世界各地授课，迄今为止，乘坐飞机，飞行了整整 14 年。从来没有错过航班，哪里用得着别人提醒！"

次日早晨，在张强出发之前，宋美不厌其烦，又问了他一大堆问题，诸如："亲爱的，你带上机票了吗？""亲爱的，钱包在身上吗？""亲爱的，你的钱够用吗？""亲爱的，你袜子够穿吗？""亲爱的，你知道在哪里转机吗？"宋美觉得这是爱他的表示，而张强却认为她对自己缺乏信任，这也不放心，那也不放心，因此感到恼火。张强经常对宋美做出暗示，不希望她以这样的方式传递她的爱，婆婆妈妈地指点对方。他们对彼此的感情充满了疑惑。

在爱情中的两个人，一方总想把自己的爱全部奉献给另一方，但这种奉献有时会变成一种管束，结果使得大多数人在过度的关怀下饱受煎熬。说到底，你只是要辅助他而非指挥他就够了。试着让自己放得开一点，不要整天把伴侣的喜怒哀乐看成自己生活的全部，对方一有问题就马上要出手。记住：你是他的妻子，绝对不是他的母亲。

其实，除了母亲的角色，女人在婚姻中，还有很多角色可以扮演：

1. 朋友

如果夫妻间有朋友一般的关系，达到比较深的互相理解，对于婚姻来说是件非常美好的事情。所谓"红袖添香夜读书"，是很多男人的梦想。"红袖添香"，并非只是添香送茶，意思是能和自己一起谈论诗书。就像李清照和赵明诚在“归来堂”里翻书赌茶为乐的故事一样，不知倾倒过多少有才华的男人。此外，如果你能在事业上成为他的得力助手，在业余爱好上成为和他相互切磋的好对手，和他一起学习努力，分享他的成就、他的快乐和痛苦，这样你在男人的心中价值会更高。既是夫妻，又有朋友一样的默契，实在是很美妙的事。

2. 孩子

孩子气，给生活增添了童趣，给情感注入了一股清新的风。女人的孩子气，往往既让人哭笑不得，内心却又充满了幸福与喜悦！像个小姑娘一样地俏皮，可以给婚姻带来想不到的轻松和快乐，也会让男人觉得你非常可爱。例如，韩国女星张娜拉之所以受欢迎，就是因为她那副娇憨的样子，让许多男人觉得甜美可爱。孩子气是无邪的，具有致命的吸引力。孩子气把人带回童年，体验到最纯真、最快乐的感觉。没有一个人不喜欢孩子气。当然，孩子气不等于幼稚。

3. 心理医生

有人说，让男人回到家能脱下盔甲的婚姻，是男人能得到的最好的婚姻。当然，男人这样做的前提，首先是觉得自己的女人能像个心理医生那样，在自己不开心、有忧虑的时候，为自己解闷减压，为自己加油打气。所以，聪明的女人应该懂得给男人充当心理医生。外面的世界很精彩，外面的世界也很无奈。男人在外面拼搏、竞争，所谓人在江湖飘，哪能不挨刀，在竞争中，谁都有遇到失败、遇到挫折、遇到打击的时候，严重的甚至可能一蹶不振。夫妻之间互相鼓励，互相支持，使对方从沮丧的情绪中振作起来，继续战斗，是非常必要的。

总之，聪明的女人应该懂得根据两人所处的不同情境，在爱情中扮演不同的角色：当爱人不开心时，可以像个心理医生般地去安慰他，直到他的嘴角露出几许笑容；当爱人生病时，又像母亲一样地把他抱在怀里轻轻拍打他的双肩，并给他煲上一锅好汤，让他暖暖的；而当自己有什么委屈时，像个小孩子般在爱人面前哭泣，以博取他的呵护和安慰。

尊重爱人嗜好，也是爱的演绎

两个人拥有共同的兴趣爱好，确实可以让爱情更加坚固持久。不过，就算是很完美的情侣也不可能做到什么爱好都一致。因此，让爱人拥有一些完全属于自己的特殊嗜好和兴趣，也是很重要的。正如，安德瑞·摩里斯在《婚姻的艺术》这本书里面说的："没有一对婚姻能够得到幸福，除非夫妇之间能够相互尊重对方的嗜好。更深一层说，如果希望两个人有相同的思想，相同的意见，相同的愿望，这是很可笑的想法。这种事情是不可能的，也是不受欢迎的。"

所以我们应该让爱人有个私人的天地去做他（她）自己的事情，譬如看球赛，譬如集邮，或是其他任何他（她）喜爱的事情。在你看来，爱人的嗜好也许傻里傻气，但是你不能因为自己不能领会这些事情的迷人之处就厌恶。很多时候，尊重爱人的嗜好，也是一种爱的演绎。

朱玉和孙伟谈恋爱时，朋友和同事们都说："孙伟是个很专一的人，能十几年如一日地痴迷兵器，对你就更不用说了。"带着这个美好的祝愿，朱玉与孙伟携手走上了红地毯。

婚后不久，他们在银行按揭了一套住房，月供2000元，生活显得有点紧张，可孙伟在兵器杂志和兵器模型上仍然固执地大把花钱，对此朱玉颇有微词。有一次，电视坏了，一连十几个晚上朱玉都没法看她喜欢的电视剧，心情很郁闷，朱玉打算叫孙伟把影碟租回来。

这天，孙伟下班回来，很兴奋地说："亲爱的，你猜我带回什么好东西？"朱玉暗自高兴：一定是影碟，这呆子原来还是蛮善解人意嘛！朱玉正想赏他一个吻，突然，电脑荧屏上出现一行字——"最新坦克装甲车辆大全"。

朱玉又气又急，张开嘴在他肩上狠狠地咬了一口，趁他还没反应过来，退出影碟拿着就跑。他忙过来抢，顺势把朱玉往外一推，"砰"的一声，朱玉头皮发涨，眼冒金星，重重地摔在地上。朱玉借题发挥，大哭起来："你买这东西有什么用？这东西能当饭吃吗？"孙伟毫不示弱地说："我看见它就可以不吃饭。"朱玉被他噎得说不出一句话。"这日子没法过了！"朱玉又伤心又生气，她爬起来，拿了两件衣服就往外走。看见朱玉要"离家出走"，孙伟开始心软，着急地从后面追上来说："你知道我对兵器模型很着迷，大不了我把那些都收起来。”说完，就进书房把兵器杂志和飞机、坦克模型一一装进纸箱里，放到床底下。看他似乎动了真格，朱玉也只好作罢。那天以后，孙伟把家里的财政大权也交给了朱玉。

不过，自从孙伟与兵器杂志和兵器模型“划清界限”之后，就像变了一个人似的。整天闷闷不乐、心事重重的样子。吃不香，睡不好，人瘦了一大圈。朱玉问他是不是病了，他总说没事。朱玉留心观察，竟发现他每天深夜等自己睡着后，又偷偷起床，在书房里折腾好久。朱玉担心他的身体，想找机会跟他沟通，但双休日他也没待在家里。一天，朋友打来电话：“晚间新闻看了吗？你们家孙伟在部队给官兵上课呢！好羡慕你哟！嫁了个这么优秀的丈夫！”

放下电话，朋友的话在朱玉耳边萦绕。孙伟在朋友眼里那么优秀，而朱玉却只看到他的不足。供房与他的嗜好之间没有什么必然的矛盾，都怪自己小题大做。忽然之间朱玉有一种冲动：“爱他，就不要改变他，试着去接受他，欣赏他。”朱玉忙从床底下的纸箱里把兵器杂志搬出来，分门别类地重新放上书架，让那些“飞机、坦克”又“重见光明”。朱玉有信心让他们的生活重新回到初恋时的幸福时光。

你的爱好并不一定就是最好的爱好，别人的爱好并不一定就无聊、没有价值。这个世界很大，每个人的精神世界可能有很大差异，但是可能同样精彩。所以，不要把自己的喜好强加给对方，而应该欣赏对方与自己的不同。这样，你不但避免了给自己和爱人带来烦恼，还扩大了自己的世界，使生活更加丰富多彩。

然而，生活中，我们总是听到很多人埋怨自己的爱人：“你整天就知道打麻将，什么也不干，也不理我……”“今天别去打球了，好不容易盼着个休息日，陪我逛街去……”“就知道看体育新闻，整天不思进取，你看人家……”诸如此类的话都是抨击爱人爱好的说辞。其实大多数人也知道这样的埋怨只是隔靴搔痒，根本不起作用。那么，没有共同爱好的两个人到底应该如何相处呢？

1. 适应爱人的嗜好

你要知道，人们的生活环境、文化修养等都是不尽相同的，决定了人们的性格、爱好也不同。现实生活中，很难找到一对性格、情趣、爱好都完全相同的爱人，但因此而导致两人关系破裂的也少见。这是因为美满的婚姻是以双方真挚的感情为基础的。婚姻是否幸福，其主要标志是夫妻双方是否心心相印、息息相通，而非各自的兴趣爱好是否完全一致。因而，过分强调爱人间兴趣爱好相同，是没有道理的。

因此，不能要求对方马上改变自己的兴趣、爱好，更不能把自己的兴趣、爱好强加给对方，强加的结果只能是适得其反。要在彼此平等的基础上尊重、适应对方的兴趣爱好。长此以往，夫妻之间的兴趣爱好反而很可能趋于平衡，而达到心理上的协调和相通。

2. 培养共同的嗜好

爱人之间应该彼此诱导对方的兴趣爱好。我们应该学着将自己已有的兴趣，延伸到另一半的领域里，使对方也感到有趣，但这并不表示我们想改变对方，告诉对方该怎么做，或甚至不经对方询问，就给对方意见。借着这种新的方式，夫妻之间很快就培养出共同的兴趣。虽然彼此都仍有部分是对方所无法理解的，但现在至少有共同之处，是彼此可以分享的。

另外，双方也可以借由培养广泛的兴趣、爱好，例如在条件允许的情况下，多参加各种各样的活动，在活动中培养双方共同的兴趣、爱好。

总之，当你和爱人兴趣爱好不同时，不要为此焦虑，在顺其自然的同时，努力适应对方并增加自己的情趣、爱好，才是可取的。

挑剔，并不能使事情变得更好

婚姻中的男女都有一种奇怪的心理，他们对于爱人的各个方面都喜欢品评、指点一番——家务、打扮，甚至为人处事的方式。他们好像恨不得将身边的那个人变成完美的机器人，只要他们下指令，对方就可以按照他们的想法做到。结果却往往陷入痛苦、不满之中而不能自拔。

其实，这就是婚姻中一种不良心理——挑剔。以挑剔的眼光环视婚姻，任何人都没有幸福；以挑剔的眼光看待爱人，任何人都有缺憾。挑剔的人看不到生活的乐趣，挑剔的人得不到家庭的幸福。

“家本来是个放松的地方，在家里还要时刻紧绷神经，有什么意思？”玉兰对朋友无奈地感叹着。

早在结婚的时候，丈夫赵利就对玉兰说：好吃的男人不好色，他人生的癖好就是美食。他看上玉兰，也是因为她喜欢烹饪，谈恋爱时，就常煮一桌子好菜。

结婚以后，买菜做饭的重任，就理所应当地落到了玉兰的头上。赵利要求玉兰每天洗好菜，要等到他来的时候再炒。

赵利一回来，玉兰的神经就高度紧张。他总是斜靠在厨房门口，看着玉兰做饭，并不时大声嚷着："盐少放一点，只能一小勺，牛排要嫩一点，快快，再不翻面就老了！"而且，等饭菜端上了桌子，赵利又会指出某个菜有点咸，某个菜烧得火候不对。

如果看到玉兰在认真地看菜谱，他总会责备说："你怎么那么笨？看那么多遍，笨蛋也都学会了。"

除了吃东西挑剔，赵利还稍微有点洁癖：早上出门的衬衣一定要熨过；每天晚上洗脚，洗脚盆下面总要垫个大毛巾，以免"脏水"滴到干净的地板上；没事抱着衣服到阳台上去晒，说"晒一晒很杀菌"。

而玉兰的自尊心很强，终于忍不住爆发出来了。有一天，大着肚子的玉兰吃面包时不小心把面包屑掉在了地上，不知道赵利哪根筋错乱了，大声叫老婆擦地。玉兰心里不满，又不小心打碎了一个盘子，赵利更加生气，认为她是故意的，一直唠叨。玉兰生气了，大吼："你天天坐在沙发上，指头都懒得动，当然不会毛手毛脚！……"

像赵利这样挑剔的丈夫，实在是让做妻子的头痛。

其实，两个人共同生活，难免会遇到一些矛盾，心理健全的人可以承受住一般的争执而不会产生情感的裂缝。但长期的挑剔、吹毛求疵所产生的压力，却常常会拖垮双方的。实际上，挑剔，并不能使事情变得更好，与其抱怨批评，不如欣赏赞美，那样才会享受美满的生活。

可是太多的人做不到这一点，经常看到有的女人因为丈夫了矮了几公分就郁结多年，好像全世界都在鄙视自己和一个矮个子结婚，却不懂得看到这男人身上别人不具备的优点；有的男人因为自己老婆不够漂亮就心里结个疙瘩，尽管老婆贤淑得体也掩盖不了内心的重创。这样的人归根结底是在伴侣的一些不足中连带着否定自己，好像是自己能力不够所以就不能拥有更好的。

这可真的是自寻烦恼，每个人都有优点和缺点，如果你不把注意力专注在自己另一半的缺点上，而去欣赏她（他）的优点，你就会发现，生活会更美好。而下面这些小建议或许可以让你变得不再挑剔：

第一点，挖掘出对方的优点，夫妻之间就能相互欣赏。只有欣赏得深才会恩爱得深，而恩爱越深，相互欣赏的东西也就会越来越多。欣赏不一定就是欣赏对方的才貌，因为才能有高有低，美貌也总会消逝。欣赏应是多方面的，或禀性温柔，或相知相悦，或勤劳朴实，或幽默风趣……总之，只要善于挖掘出对方的优点，夫妻之间就能相互欣赏。当然，无论是夫或妻，都需要注意自身的修养，使自己“有亮点”吸引对方。

第二点，要求对方的时候，先问自己：我的要求合理吗？我自己是不是已经拿到一百分？当对方变成我的一百分时，我真的会快乐吗？为了这完美的一百分，彼此又得付出多么沉重的代价！

第三点，不要试图让对方变成什么样子。一对情侣或夫妻，很多时候需要一种包容，因为对方永远也不会变成你需要的那个样子，就像你永远也变不成对方所需要的那样一样。即使变成了，另一个人的思想随着阅历的增加也会发生很多的改变。

第四点，想办法使用温和的方式达成目的。当你心情不好的时候，当你想发脾气的时候，不要做重大决定，克制自己不要用暴力或强制的方式达成目的。否则只会损害彼此的关系。

第五点，培养一种幽默感，以快乐的方式解决生活中的不愉快事件。有时候生活中的事情并非你想象的那样，也不是大是大非的问题，利用生活中的小幽默，采取可以让大家都能接受的方式，在一种轻松的氛围下把生活中的不愉快事件化作一个小插曲。

不挑剔是善待婚姻的最好方式，用爱自己的心情去爱你的另一半。充分理解对方的行事做法，不苛求不责备，如此，必然给对方以爱的源泉，婚姻一定如童话般妙趣横生、和美幸福。

别把“礼貌”丢在爱情之外

对于陌生人，我们不会企图去打断他的话，没有获得允许，我们不会想去拆开朋友的信件，或者偷窥他们私人的秘密。但对爱人——我们最亲密的人——居然赶不上对待陌生人那样有礼，那么，怎么会有轻松愉快的家庭氛围？

你要想维持家庭生活的幸福快乐，维持夫妻之间的良好关系，就要遵循“礼貌”的家庭规则。

周小云从小就是个善良懂事的女孩，她与丈夫杨刚从小一起长大，上大学后，特别是和杨刚谈恋爱的时候，周小云对杨刚真是疼爱有加，在杨刚面前很温柔、很有女人味。因此，杨刚最终选择了和周小云结婚。

但是，婚后的周小云却慢慢变了，说话粗声大气不说，有时还会说一些粗鲁的甚至很粗俗的话，比如：“你这只笨猪，这点儿事儿都做不好，没有我你怎么生活呀！”“你要找死呀，这么大的雨还骑自行车，不知道打个车回来呀！”……诸如此类的话天天都有。

虽然，每次周小云都是好心心疼丈夫，但是，每次说出来的话，都让杨刚在感动之余，心里好似堵了块东西似的难受。但是，每次也都是念在周小云也是关心自己的份上，就不多说什么了。

最近，杨刚因为工作出差老喝酒，得了胃溃疡，对此，周小云也是心疼不已。每天就是再忙也要专门给他煲汤喝，让他养胃。这天，周小云煲好了汤端过来，但是杨刚因为有一份计划还差一点儿没有做好，因此坐在书桌旁想把最后一点儿弄完再喝。见丈夫没动，周小云张口就说：“还磨蹭什么？自己有胃病不知道啊？非得拖成胃癌你才甘心啊？”杨刚一下子变得脸色铁青，一句话没说转身进了卧室。

为此，夫妻两人好几天不说话，杨刚觉得妻子竟然诅咒自己得胃癌。周小云也是越想越委屈，自己好心好意给他煲汤，他竟然因为一句话就对自己不理不睬。

可见，对待自己所爱的人，千万不要因为太亲密，已经坦诚相见过了，就不在意礼貌。失了礼貌会让人与人之间的关系混乱，因为我们会逐渐忽略对方的感受，不会先想想对方是否方便、能否承受，就把话给丢了出去。久了就会习惯成自然，失去了包容、忍耐、尊重，凡事只想到自己的感受，即使是为别人着想，也很难让人有被体贴的感受。

其实，礼貌对于爱情，就像机油对于马达一样的重要。它不是见外，不是虚假做作，而是一种尊重和感恩，是看重对方胜过自己，是爱的表现。保持最基本的礼貌，见面时问安，离开说再见，日常生活中别忘了把“请、谢谢、对不起”时常挂在嘴边……彼此以礼相待，感情才能长长久久，甜甜蜜蜜。

具体说来，男女双方在语言交流时最应注意的礼貌有：

1. 常常对爱人的付出表示感谢

爱人的感谢是支撑爱情最大的力量。常对另一半的爱道一声“谢谢”，给那个陪伴你走完一生的人一点回报，一丝感应，一丝温暖，你的婚姻会更幸福长久。

爱情中，虽然双方都是彼此最为亲近的人，但是并不是说一方就理所应当付出，而另外一方理所应当就可以享受对方对自己的好。爱人间的相处之道是应该对另一半的好心存感激，随时能够向对方表达自己的感谢，让对方感到他（她）的重要性。因此，不管是你的那个他（她）是为了家庭在外奔波，还是在家中劳碌，都是为了整个家操劳，都应该把对方的这种付出记在心中，能够随时表达感谢的情意，花费一定时间给予对方在身体上和心灵上的呵护。即使是爱人为自己洗了脏衣服，熨平叠好；爱人为加班的自己端上一杯水；爱人为操劳家务的自己削一个苹果等这样的小事，也应该道上一句“谢谢”。不仅不会表现得客套见外，反而能够加深彼此的感情。

2. 愿意为对方说甜言蜜语

其实，无论是男人还是女人，说到底还是愿意听对方的“甜言蜜语”，愿意让对方哄着宠着，即使知道那并不一定真实。恋爱的时候是这样，结婚以后人们的想法也并没有改变。只不过，恋爱的时候，双方都有这个耐心去哄对方，结婚以后，却没有了这个耐心，不愿意为了对方去改变自己。觉得都是一家人了，可以把自己的一切都暴露出来了，为什么要委屈自己去哄对方呢？

其实，这种想法是极其错误的。结婚了，和自己相爱的人成了一家人，那么，你和他的关系就更亲、更近了。你是要与这个人相伴一生一世的，他是你生命中至亲至近不可或缺的一个人。他的健康和幸福就是你的健康和幸福，他的开心和快乐，也是你的开心和快乐，你们是一个整体，是真正的自己人。说得更绝对一点儿，在某种意义上来说，他的一切也代表了你的一切，他就是你。那么，对于自己人，或者说对于另一个意义的“自己”，你为什么不能依然表现得更文雅一些，更温柔一些呢，而且，你去哄一哄对方，对他说一些甜言蜜语，你未必就受了委屈。因为，你会看到你哄过之后的对方会更有耐心来哄你，你让他开心了，他会让你更开心。

能成爱人，是因为能忍受对方的丑陋

婚姻与恋爱是爱情中两个截然不同的阶段。两者的最大区别在于，恋爱时，所有人都会刻意掩盖缺点，因而双方眼中看到的都是美好；婚姻生活中，双方会把真实的自己毫无保留地展现在对方面前，双方都能忍受对方的“丑陋”，才能成为爱人。

其实，关于这一点，每一个经历过或者正在经历着爱情的人应该都深有感触。不是因为才华横溢才嫁给他的吗，怎么越看越觉得这个人除了才华一无所有？不是因为气质超群、身材出众才非她不娶吗？怎么婚后不到一年便觉得这个人形容猥琐、俗不可耐？不是因为风度翩翩才倾心于他吗，怎么越看越感到这人浑身上下都是虚头巴脑？不是因为心地善良、不慕钱财才对她感念不已，以为今生终于找到了理想中的爱人吗，怎么孩子刚一出生这个人就变得斤斤计较、锱铢必较……从高高的云端被打回到现实生活当中，原本心仪的东西，如今似乎都走向了反面。

不过，这却是再正常不过了。说到底，在上帝如炬的目光审视下，我们谁敢大言不惭地说自己是“完美”的人呢？既然自己并不完美，凭什么以完美要求于自己的爱人呢？爱一个人，便意味着全身心地、无条件地接受爱人的一切，包括他坚强掩盖下的脆弱、诚实背后的虚伪、才华表象下的平庸和勤劳反面的懒惰，甚至要忍受婚前不曾发现的种种生活恶习。诚实、善良、美丽、贤惠的是你的妻子，虚伪、做作、小器、庸俗的也是你的妻子；人前油头粉面、西装革履的是你丈夫，人后掏鼻子、抠脚丫子、从不洗袜子的也是你的丈夫……茫茫人海中，两个陌生男女之所以能成为爱人，就是因为双方都能忍受对方的“丑陋”之处。

一个女孩哭哭啼啼地跑回娘家，向自己的父母细数新婚丈夫的缺点。面对女儿的哭诉，虽然母亲百般劝解，然而，并不能改变女儿的心意，年轻女孩仍然坚持要离婚。这时，原本沉默的父亲说话了。女儿还以为父亲也要像母亲一样劝她，可是，父亲并没有说什么，只是让她拿出一张白纸和一支碳素笔，并让她从现在开始仔细回想对方的缺点，每想到对方一个缺点，就在白纸上画一个黑点，于是女儿就不停地在白纸上画黑点。

很长一段时间后，女儿终于画完了。父亲拿起这张白纸，问她看到了什么。女儿说：“黑点啊，也是他令人无法容忍的缺点。”父亲又问女儿道：“除了黑点之外呢，你还能看到什么？”“除了黑点，什么都没有啊！”女儿认真地答道。父亲又让女儿再认真看看，看还能看到什么东西。听了父亲的话，女儿想了好久，忽然明白过来，除了黑点，还有白纸，可是这与缺点有什么关系呢？

这时，父亲接着问女儿：“你丈夫有优点吗？”女儿迟疑了一下，终于点点头。父亲说，你把他的优点和缺点写下来，看看哪个多？

顿时，女儿破涕为笑，回去了，后来再也没有向谁抱怨过丈夫的缺点。

爱上一个人，不论其优点有多少，但如果不能接受对方的缺点，哪怕仅一个，两个人的生活也是不可能和谐的。面对婚姻中不再完美的爱人，如果你不懂得包容，就会像是故事中的女孩一样，一直盯着白纸上的黑点，时间长了，那么眼前除了黑色以外，什么都看不到了。如果想要解除当前的心灵壁垒，就要学会包容，以豁达的态度去对待爱人的缺点。

然而，在很多的夫妻关系中，人们习惯把相爱的法则建立在“你爱我就要为我改变我所不能容忍的缺点”这个错误观念上，这样的法则很容易让自己无形中形成一种改造欲，把自己的婚姻变成一所监狱，眼睛时时刻刻都盯在对方的缺点上，使自己的婚姻处在硝烟弥漫之中。

聪明的做法是：与其责备，倒不如接受，彼此容忍对方；与其争吵，倒不如协商，彼此适应对方。

其实，真正的爱情就是一个适应与调适的过程。恋爱时，确实是因为真的爱他，才与他在一起，谁都不怀疑当初的真诚，无论是被他的外表、气质所吸引，还是折服于他的内涵和精神，总之当初的他是完美无缺的，即使是有缺点，在你眼里也是特点，让人喜欢的缺点。而一旦两人步入了婚姻的殿堂，也就没有了恋爱中将对方完美化的心境，童话中的王子，变成了身边晚上睡觉打呼噜的男人；童话中的公主，变成了身边油烟满身的女人。这时再用恋爱的标准来要求婚姻，不可避免地要失落伤心，这就要求我们对婚姻有个清醒的认识。婚姻中的双方，应该是宁愿自己完整地接受一个有缺点的爱人，而不是要按照自己的意愿雕刻一个完美但没有个性的爱人。

爱，就包括了爱对方的全部，既能欣赏对方的优点，又能包容对方的缺点。“金无足赤，人无完人”，自己身上又何尝没有令对方感到不能接受的缺点呢？包容别人，也就是包容自己。恋爱时，我们只看到了对方的优点，因为那时我们迷恋对方的一切；步入婚姻，我们发现了爱人其实也是凡人，和自己一样有着缺点、丑陋的地方，但这时，我们仍然爱他，是因为在相处的生活中我们之间有了深厚感情。所以我们要学会包容，尤其是要包容生命中的“某个人”。

总之，没有一个人是完美的，也没有一个人是故意不完美的。每个希望提高自己婚姻质量，增加对自己婚姻的满意度的人，都应该尝试着包容和加纳，并且从爱情开始的那一天就快速适应对方的生活习惯、接受对方的缺点毛病，建立默契和互补，将爱情保鲜，这就是婚姻长久、幸福的密码。

承受爱人的怒气，也是爱情的一部分

在爱情里，总是会遇到爱人发飙的时候，承受另一半的怒气，其实也是爱情的一部分。

这并不难理解，我们可以想象一下，当我们自己感到生气的时候，如果身边的人能让你偶尔“发泄”一下——不评论你的对错、不纠正、不训话，或试着让你把话说出来——将是令人精神清爽、自由自在的一件事。而且，对方这么做，也可以帮助你放松、重新获得观察力，度过沮丧的时光。你会发现，你的心情往往也会很快就平静下来。

因此，下一次，当你的爱人情绪不佳时，你也可以试试这个方法。与其为了对方的挫折而沮丧或过度担忧，不如保持冷静。在内心保持伶悯，但不要有反应。让他们去发泄、叫嚣、抱怨或做任何事(在合理的范围内)，这些对他们来说都是需要的。

王小丽和杨国结婚多年，两个人也是吵架不断，可是最近的一次，发生争吵之前，杨国选择先让自己冷静下来，避免了争吵，夫妻间的感情也越来越好了。

有一天，杨国下班回家后，像往常一样，打开电视机就开始看电视了。王小丽一个人在厨房里准备晚餐，这个时候厨房里突然传出比平日不寻常的锅盆碰撞的声音，杨国被这突如其来的吵闹声吓了一下，不高兴、不耐烦的情绪慢慢升起，想要开口责备王小丽的念头也出现在脑海里。但是杨国忽然意识到自己有点备战的状态，他深呼一口气，尽量让自己平静下来。他先让身体放松，让不耐烦和反感的情绪冷却下来，在心里问自己："她为什么不高兴？是不是有什么事？"

然后杨国才走进厨房里说："亲爱的，我觉得你心情不是很好，不如这样，晚一点再弄晚饭，我想了解你为什么感觉不舒服，好吗？我想我们可以谈谈。"王小丽放下锅铲，也察觉到自己烦暴怒气、紧张的肢体，试着清楚地告诉杨国，她不高兴的地方就是杨国回到家里，不是看电视，就是读报纸，从来不到厨房里和自己说说话，自己闷了一天，希望能有个伴说话，可是和杨国结婚这么多年，杨国却连这个都没了解，心里越想越气，就忍不住摔锅摔盆，索性让杨国连电视也看不下去。

杨国耐心地听妻子讲完她的感受，感觉确实是自己平时疏忽了对她的照顾，更多的时候，自己把妻子在厨房里忙着为自己准备晚餐，而自己在客厅看电视当作是理所当然的事，于是杨国为自己的疏忽向王小丽道了歉，王小丽也觉得自己用吵闹的声音表达自己的不满是不适当的。一场争吵被扼杀在摇篮里。

现代社会，无论是男人还是女人，压力都很大，情绪上自然也难免会产生一些问题。你是忍心让爱人憋着一肚子气没地方发，还要硬着头皮去应付高强度的工作，还是愿意承受爱人的怒气，等他（她）发泄完又精神抖擞地开始努力奋斗呢？

自然是后者吧。而且，大多数时候，爱人发火，本意不是想伤害你，而只是想发泄心中的闷气，因此，我们当当“出气筒”又何妨？等爱人发泄完了，他（她）还会对你抱有歉意，会感激你的宽容和忍耐。这个时候，你再耐心地询问爱人的问题出在哪里，帮他（她）想办法，为他（她）宽心，给他（她）解压，相信最后他（她）也就再也离不开你这个“出气筒”了！

一般来说，当爱人发飙时，我们谨记下面四种原则：

1. 不要反驳

面对盛怒中的爱人，千万不要和他（她）起冲突，例如挑他（她）发飙骂人的用字遣词的毛病，或者试图跟他（她）讲道理，那只会让事情更加恶化。最好的做法，是顺藤摸瓜，仔细听爱人骂人的话中，哪些是描述事件，哪些是情绪用语，而且尽可能剔除情绪性的用词，不要被情绪干扰，使得你也发起脾气来，这样很可能蔓延成全面性的吵架战争。

无论是否同意爱人所骂的事情，都不要在当下驳斥对方。人都是爱面子的，发飙的人更是失去理性，被愤怒充满，此时去反驳，就算意见再正确，也会因为面子拉不下来而恼羞成怒，结果只有吵架。即使爱人正在迁怒你，把不属于你的责任算在你头上，也千万不要因此就开口辩白，绝对不要用“你的说法也有问题”开口反击。发飙当下的辩解只会火上加油。许多爱人吵架之所以越闹越凶，都是为了莫名奇妙的小事而吵，就是因为双方都在怒火中烧的时候，还想去厘清对方的论点，越说越模糊，越说越生气。

2. 不要道歉

如果爱人怒骂的对象是你，有一点很重要，那就是千万不要因为爱人发飙就开口道歉，无论你是否真的有错。说道歉，只会让爱人认为你只是想认错走人，根本没有解决问题的诚意，反而是在提醒爱人更聚焦在你的错误上，只会延长爱人的怒气。另外，找借口、逃避、推卸责任、辩白也都是同样的道理，任何反应只会让爱人延伸怒气。

比起道歉，真的必须响应的时候，温柔地以“嗯”、“我懂了”、“我明白了”、“我知道了”、“谢谢”等正面口语，或用拍拍肩膀等身体肢体语言响应，不要多做延伸性讨论，即使内心有再多不满和委屈，最好能够让对方认为你已经接受到他（她）所想传递的讯息。

3. 乖乖听训

当爱人发怒的当下，只要乖乖地听他（她）发飙就好。最好的做法，就是乖乖站好，挺直身体，用身体肢体语言表现出诚心诚意地接受他（她）的怒气。如果有必要，让爱人放开来骂个爽，别太在意自己的面子问题。发飙者看到承受怒气者一丝不苟地承受下来，不辩白也不逃避，怒气没有了延续的借口，一个人唱单口相声，很难气长，累了就会停下来了。

4. 多一点同理心

有些人发飙时，各种脏话都会出口，千万不要在此时和爱人计较修养之类的事情。真的无法忍耐的话，不如站在爱人的角度，思考爱人的想法，为什么会这么生气？多一点同理心，多一点理解，或许能对爱人的怒气释怀一点。

总之，偶尔让爱人发飙一下。心存怜悯地看待情绪的宣泄，别把宣泄情绪都看成罪大恶极的伤害。偶尔发飙有益身体健康，只要对方不会动手打骂，口出恶言既可。

单向索取的爱，撑不了多久

恋爱的时候，爱人送给自己一个小礼物，哪怕只是一个发卡，一个温情的眼神，自己都会觉得很开心。可是，不知道从什么时候开始，你会觉得一切都发生了变化：情人节，爱人没有送花、送礼物，你会觉得对方不重视自己；爱人平时忙于工作，很少有时间陪自己看电影、聊天，你会觉得爱人忽视了自己……慢慢的，给予变成了索取，爱情也就开始变了味道。

其实，一个真正懂爱的人应是爱情的给予者，一对男女既然相亲相爱，就要心甘情愿地把自己真挚的爱“给予”自己的意中人，并在这种无私的“给予”中“肯定自我”、“实现自我”和“提高自我”，为对方的快乐而快乐，为对方的幸福而幸福；而被爱者“心有灵犀一点通”，不仅自觉自愿地接受这种爱，而且“给予”对方相应的回报，心心相印，情思相结，两颗爱心紧紧地契合在一起，共同去创造美好的新生活，这才是爱情的本质。

刘贝是个漂亮的姑娘，后来却出乎所有人的意料，嫁给了一个长相并不英俊的男人。无论在谁的眼睛里，这个男人都是配不上刘贝的，但是刘贝就是那么坚决地嫁给了他。

结婚后，也曾经有朋友对刘贝说：“听我说，我觉得你一定能找到更好的。你长得很漂亮，为什么要选择这样一个人呢？况且听说你还在生活里处处迁就他。”但是刘贝只是莞尔一笑：“我爱他并不因为他的长相，在婚姻里，谁付出的多，谁付出的少，有什么好计较的呢？”

果真，刘贝没有看错她的丈夫，在刘贝的鼓励和支持下，丈夫后来自己创业，取得了事业上的成功。丈夫感激刘贝在年轻的时候对自己的信任和爱，即使是结婚多年，依然对刘贝爱护备至。

其实，爱的给予者在爱情关系中更能满足，对于刘贝来说，也许只要爱着就够了。而恰巧是这种一无所求的爱，反而会得到对方的尊重和珍视，尊重和珍视客观上就成了爱的回报；从另一角度来讲，无条件的爱是对对方能力的最好肯定，爱人会在这样的爱中体会到充分的信任，相信自己有满足爱人需要的能力，同时也会很乐意在爱人面前展示自己的这种能力。爱情由此就走入了良性循环，健康，充满活力，不求回报的爱得到了爱的回报，世事就是这样令人不可思议。

在婚礼上，当牧师问到即将要结为夫妻的两个人“无论经历什么痛苦，都要相互珍惜，相互爱护，相互扶持，直到终老，你愿意吗”的时候，相信两个人都会毫不犹豫，并且坚定地说：“我愿意。”但是真正走进婚姻里的时候，很多女人却总是在指责、在挑剔、在抱怨对方，而从来不去想，我为对方做了什么？什么是他真正需要的？我能给他带来什么？同样，很多男人也是这样的，总是在要求女人这样那样，却从来不去想，他给女人带来了什么好的东西，从物质到精神。这样的婚姻，没有希望，没有快乐，没有轻松愉悦，双方都在忙着索取，从来就没有想到去给予对方什么。那么，这样的结果也只能是，两人互相厌弃，无法忍受，吵闹分手。

爱是不能单向索取的。德国著名心理学家、社会学家埃里希·弗罗姆，就曾在《爱的艺术》一书中这样解释说：“爱本质上是给予而非获取……爱一个人就是要献出自己，而不期待得到回报，但相信自己的爱一定会唤起对方的爱……给予……并不意味着他为另一个人而牺牲了他的生命——但是也给予另一个人的是他生命的活力；他给予另一个人的是他的欢乐、他的旨趣、他的理解、他的知识、他的幽默、他的悲哀，给予了他的生命活力的全部表达方式和全部证明方式。这样，在给予他的生命时，他使另一个人富有起来，通过提高他自己的生命感，他提高了另一个人的生命感。他并不为接受而给予，给予本身便是极大的欢乐。但是，在给予中，他不能不使另一个人心中的某些东西复苏，而且这种复苏过来的东西又反射给他自己。给予暗示着使另一个人也成为一个给予者，而且他们分享着他们共同使之复返生命的东西……”弗罗姆这些话的实质，就是界定了真正的爱情是主动的给予，而不是一味的索取；是以自己全身心爱的激情去引发另一个人的爱的激情，是以自己全部的生命活力去激发另一个人的生命活力，默契一致，并肩携手，共同去迎接新生活的朝阳。

因此，我们每一个人在要求爱人的同时，都应该腾出更多的时间自省：在携手同行的路上，我们为对方做了什么——当爱人面临困难的时候，是否给了对方你最热切的关心和体贴？当爱人遭遇挫折的时候，是否给了对方你最温暖的理解与支持？当爱人获得成功时，有没有给予对方最及时的祝福与尊重？当爱人身心疲惫时，有没有给予对方行动上的分担与抚慰……当你从单向索取中跳出来，爱情就会变得伟大起来，你们就会重新幸福起来！

懂得心存感恩，才能邂逅幸福

在西方世界，每年的感恩节这天，人们会放下一切的忙碌，和自己的家人团聚，感谢上苍赐予自己美好的生活，寻求支撑自己继续努力的力量。不得不说，感恩就是一种积极向上的精神，是一个人快乐的源泉。内心深处常常存有感恩之情，就会拥有一种人性光辉的纯美，保持一颗向上的人生姿态，有一份积极乐观的心灵追求。不管你现在的处境如何糟糕，学会感恩生活给予你的，会重新发现生活的美好之处。

然而，很多人可以对世上其他一切事物感恩，唯独对于自己熟悉的人，态度随便，觉得对方对自己的付出是理所当然之事，丝毫没有心存感谢之意。对养育自己长大的父母如此，对包容自己无理傲慢的手足、朋友也是如此，对付出自己全部的爱与人生的恋人，又何尝不是如此？生活中，许多情侣、夫妻之所以会分离，就是起因于太过习惯彼此的付出，不懂得感谢对方，把对方对自己的好与爱当做理所当然。

有一个女人整日忙于工作，她丈夫一直默默站在她背后支持她的事业，甚至放弃了晋升的机会。她回来晚的时候，他做好宵夜等她；每天早上他总是做好了早饭才叫醒她……而她似乎也习惯了，日子一天天过去，一切看上去好像天经地义似的。实质上，丈夫是苦恼的，他不确定她是不是爱他，他想到离婚，只是还没有想好怎么跟她说。

恰在这期间，女人读了一本关于感恩的书，突然间意识到自己该用全身心的爱去感谢丈夫为她默默付出了那么多。这一天，回到家后，她第一次做了一顿丰盛的晚餐。丈夫回来后，感到很吃惊。吃过饭后，她也第一次没有去电脑前工作，而是与丈夫说了这样的话：“我有今天的成就，都是因为有你。我感谢你的支持，感谢你的爱。我知道，你是最好的丈夫。这些年，我一直坦然地接受你的爱，但总是不好意思表达，我希望你知道，你是我最爱的人。如果有来生，我一定还会嫁给你，你是我一生最爱的人……”

丈夫听了之后，非常感动，他紧紧地拥住了妻子，他知道，她还是爱他的。他在想，明天一早就把办公桌里的离婚协议书烧掉。女人也在想，以后一定对丈夫所有好的地方加以欣赏与赞美，对丈夫的帮助表示感谢！

这世间没有任何事情是理所当然的。两个陌生的人相遇，将自己的一生幸福交托给另外一个人，是一个慎重而美好的承诺，值得用一生去守护这个承诺，甘苦与共。心存感谢地相处，心存感谢地沟通，心存感谢地去爱、关心与付出，不把对方的付出与爱当成理所当然，爱情自然会长长久久。

现实生活中，很多人生活不幸福，很大程度上是因他们缺少感恩之心。当他们获得生活的馈赠之后，他们没有感激，而是认为一切都理所当然，这样他们就渐渐地失去了别人对他们的亲近和支持，也就失去了接近美好事物的机会。

其实，对爱人应时常怀抱着感谢之心。一想到在这个拥有66亿人的茫茫世界里，恋人独独看上了你，将自己宝贵的一生托付给你，把时间和精神耗费在你身上，难道不觉得实在应该抱着感谢之心响应恋人的爱吗？感谢对方接纳有缺陷的自己，爱自己，选择和自己在一起。

两个相爱的人，并非是只要有爱就能天长地久的。其实，爱也是有期限的。也许在某个时间段，两个人产生了交集并互相爱着对方。但是这个时间段一旦过去，很多人都会觉得当初我怎么爱上一个毛病这样多的人呢。那么，如何才能将这个相交的时间段延长到天长地久，并将其加硬加粗，经得起风吹雨打，并能紧紧扭紧相依为命在一起，这是两个相爱的人都应该思考的问题。

答案就是：每一个人都要学会任何时候不忘对爱人感恩，即使只是生活中极不起眼的锁碎事情。例如：当你工作不顺时，爱人给你一个关切的问候，或者给你一个自己解决问题的空间，这时要感恩对方；当你开心时，爱人会给你一个开心的笑容和拥抱，或者当你不开心时，爱人会静静地站在你身边，默默为你祈祷，这时也需要感恩对方；当你回到家时，爱人已经将热腾腾的可口饭菜准备好了，这时需要感恩对方；当你遇到困难时，爱人会是最信任和最支持你的人，这时更需要感恩对方；当你得病时，爱人一直陪伴在你的左右；当你口渴时，爱人会把你最爱喝的饮料端在你的眼前；当你的衣服皱了时，爱人会用熨斗将衣服烫平；当你肩膀或脚疼时，爱人会为你轻轻地揉揉疼痛的肩膀或脚；当你睡着时，爱人会为你盖上被子怕你着凉，这些时候都需要感恩对方；当你做错事时，爱人会像家长负责任地指出错误，你需要感恩对方；当你烦燥不堪时，爱人会用耐心来安定你内心的不安，你也应该感恩对方；又或者仅仅是当你回家晚时，爱人永远为你留一盏不熄的灯，你同样需要感恩对方……只要有了感恩，相信你们相爱的时间段会越来越长。

总之，学会感恩，对于爱人为自己所做的每一件事情，都不要吝啬你的感激之言。当我们每个人都可以怀着一颗感恩的心爱着对方时，你就会发现，身边幸运的事情和幸福的感觉，会越来越多，爱情之路肯定能够走得圆满坦荡。

第五章

两个人的未来，两个人创造

爱情也需要早日“修成正果”

“婚姻是爱情的坟墓”这句爱情箴言，在相爱的人群中，拥有大量笃信的粉丝。尤其是一些事业心很重的人，他们认为：早结婚会让另一半拖累自己，延误发展计划，或者说得更直白一点，他们认为早结婚会影响自己的事业，多了一个牵挂的人，让自己不能全身心投入到工作中。

但实际上，恰恰相反。

相比较婚姻而言，谈恋爱反而是更劳命伤神的事情。结婚以后，省却了恋爱中“求之不得”的辛劳，你可以发奋工作了。今天，已婚的人更容易找工作，也更容易在职位上得到晋升机会。因为，领导者认为结了婚的人更稳定，更有责任感。而且，对女人来说，如果能早早生完孩子，日后便可得到长期实现良性发展的机会，在工作上有一个长远的规划。想象一下那些老大不小，担心自己主管职位不保而不敢结婚生子的职场人吧，她们骑虎难下的做派真让人难受；对男人来说，早结婚自然也不必担心来自恋爱和事业的双重压力。结婚后，不管事业上遇到了什么样的困难，背后都会有一个女人始终支持自己，给自己信心和继续拼搏的力量，这比自己孤身奋战好得多。

那么，你还有什么理由不走进婚姻里，或者让你的妻子为自己安排衣食起居，或者在丈夫那里得到更多关爱？如此一来，你在工作与事业上自然可以如虎添翼。

25 岁的艾琳在毕业的那年就选择了先结婚，然后再找工作。艾琳的老公并不是美国人，他是为了留在这里选择了这份婚姻。艾琳毕业后，两人还在恋爱的时候，首先面临的就是住房的问题，是在城市里分居两处，还是干脆来个“二合一”？显然，后者既避免了相思之苦，又节约了生活成本。

艾琳坦然地说：“本来也想先同居再说，但我和他的感情一直很稳定，而且他也打算日后一直留在美国，当然不介意早点和我确定下来。虽然同居在我们这个国家并不稀奇，但是结了婚两个人住在一起也名正言顺些，最关键是早点儿让爱情修成正果，可以天天见面，在艰辛的创业阶段互相照顾和取暖。”

说起未来的事业，艾琳很有信心：“美国是个不让真正的人才失望的地方，就算在创业路上有挫折和困难，可我一回到家里，有个知疼知热的人等我，有一方自由的天地可以放松心情，那种温暖和可靠的感觉，就是前进路上最大的动力了。”

艾琳和老公的故事告诉我们，如果你有一个感情稳定的对象，那么与恋爱相比，结婚不失为一个更好的选择。因为你和另一半志同道合，前面的路怎么走会更加清楚，目标也更加清晰，那么事业上成功的几率也就更大了。

现实生活中，相信还是有不少人会想，既然只要住在一起就能达到目的的话，何必非要把自己推到婚姻里？同居就能解决住在一起的问题。这样的想法实在是错误之极。不妨试想一下，年复一年的同居生活很有可能换回来的是双方爱情的冷淡，最后分手，而不是婚姻的责任和稳定。结婚之后就不同了，结婚之后，即便是爱情冷淡下来了，还会有亲情滋生出来，没有了爱情的滋润，你和另一半超越爱情的亲情依然能让你的婚姻保持幸福的状态。

经过相识相知相依相恋，最后顺理成章地尽早步入婚姻的殿堂，这其实是完美的人生过程。一边要费心于工作，一边还得分心于爱情，实在令人疲累。更何况，一心不能二用，强行为之，便定然会落入吃力不讨好，两边都糟糕的局面。比如，老板正在旁边指导工作，而你的手机却不适时宜地响起。于是你挂断它，继续和老板探讨，结果手机又响了。于是为了向老板展示你愿意和他继续讨论公司前景的决心和忠心，你干脆而决绝地关掉了手机。此时，你虽然面带微笑，口若悬河，指点公司前景，但心里是否却开始感到不安。“他（她）会不会因为我不接电话而生气？”又或者“他（她）会不会因为我关机而怀疑我？”

另外，即使很多人在事业上取得了成功，也是以牺牲了感情作为代价的。在很多电视剧里，我们常常看到某个女强人因为自己没有时间陪男朋友，而使得自己的闺密撬了自己的墙脚，男朋友被抢走了。爱情、友情同时失去。你不要以为这是电视剧在凭空杜撰，事实上，现在社会确实存在这样的情况。很多事业型的女人，因为过于热爱自己的工作，因此迟迟不愿结婚。这样的结果是，既要费心搞好工作，又要费心看好自己的男朋友，以免被人撬墙脚。结果弄得自己疲惫不堪。因此，为避免落入如此窘境，倒不如先下手为强，在最应该结婚的时候就果断地走进婚姻。

与自己相爱的人结婚，勇敢面对未来人生的各种挑战，这种携手努力会带来许多意想不到的好处。比如：可以共同应对人生的各种风雨。生活是艰辛的，在外打拼的时候，有一个家在背后支撑，困难的时候有人陪伴，会更轻松自如得多；人是孤独的动物，尤其是创业的人需要别人的关心与关爱。当有人分担了你的辛苦和孤独，那么你渴望成功的激情自然就会加倍增长；稳定的家庭有利于内心的安定。男人也好女人也好，没有成家时那颗心始终是飘着的，不利于工作与事业发展；先结婚，再携手共同为生活而努力，两颗力争上游的心在一起所散发出来的能量，也是成倍的；此外，结婚，还能让人减少无助感与迷茫感，生活更有目标，为自己追求梦想创造出更好的精神环境……总之，你在与他（她）一起努力前进的过程中，不但能尝试到创业的激情碰撞，更能在其间不断加深你们的感情，体会彼此的重要性，成为生活和事业上的绝佳伴侣。

因此，不管是男人还是女人，如果和恋人之间的感情确实稳定，那就趁早结婚吧。让爱情在婚姻中修成正果，并且成为你事业的坚强后盾。

女人尊重男人，男人体贴女人

爱情中，最完美的两性关系，应该是女人尊重男人，男人体贴女人。因为男人只有得到女人的尊重，才能百般地疼爱女人，女人只有受到男人的宠爱，才能更加温柔美丽。

然而，很多人不能坚持长久。恋爱中，他们大多像是一团火，可以用自己最大的热情把爱人融化掉。可是等踏进了婚姻的围城，火往往就会熄灭，脑子好像是清醒多了，这个时候才发现种种的不如意，于是就会有很多新的忧虑、烦恼和不满。不能说人在婚后的心理落差是不应该的，但是要想使自己得到婚姻的幸福，就要学会好好地经营婚姻，这里最重要的就是在婚后依然保持恋爱时候的心境，女人尊重男人，男人体贴女人，永远把家庭当成一个情场。

对于女人来说，尊重男人的一个重要表现就是永远把男人的面子放在最前面。

高庆和李敏结婚不久，有一次一起去参加朋友的聚会。高庆现在是公司老板，经营鞋业。那天李敏精心打扮，换上一身非常合体漂亮的礼服，看着妻子这么美丽动人，高庆满心的自豪感和满足感。

聚会上大家相谈甚欢，一致赞美李敏，还说能娶到李敏这样的妻子真是幸运。高庆也想在大家面前表现自己对妻子的疼爱，帮妻子端红酒，却不小心洒在了妻子的礼服上，高庆紧张地拿餐巾纸擦，但是李敏却好像不领情，埋怨高庆："哦，天啊！你总是这样，毛手毛脚，就不能改一改吗？"朋友们面面相觑，不好意思多说什么，高庆很尴尬。

好在气氛很快又活跃起来了，大家又纷纷称赞高庆能干，这么年轻就自己经营公司了。而李敏却是一脸的不满足："哦，这没什么了不起的，我很多朋友都已经有别墅、跑车了，高庆现在除了我，什么都没有！"高庆没有想到李敏会在这样的场合说这样的话，一个劲儿给妻子使眼色，但是李敏却装作没有看到，继续数落丈夫的“劣迹”，让高庆很是没有面子。最后，高庆实在忍受不了了，没等聚会结束，就先行告辞，不管妻子了。

以后再有什么朋友间的聚会，高庆再也不敢把老婆带在身边了，两个人吵架的次数也越来越多了。再有类似的聚会，朋友们也不敢再邀请高庆参加了，高庆因此失去了不少朋友，也失去了不少合作生意的机会。

其实，高庆的要求并不高，只是希望妻子能在自己的朋友们面前为自己留点面子，在男人看来，在朋友那里，面子是很重要的。一个人的面子，特别是一个男人的面子，就等于男人的自尊与自信，是不能轻易伤害的。女人在外面能够识大体，就是给足男人面子，他会在心里很感激。给足男人面子，其实，也是在为自己争得一份爱与尊重。

聪明的女人，应该学着给自己的男人留足面子，知道什么时候应该静静地听男人说话，什么时候该给男人打圆场，什么时候见好就收，不让自己的男人有哪怕一丁点儿的尴尬！只有这样，女人才能真正拴住男人的心，才能真正享受婚姻生活的长久快乐。

而对于男人来说，体贴女人的一个重要方面就表现在分担家务上。

“男主外，女主内”是家庭中最主要的模式，绝大部分家务事都是妻子在处理，很少有丈夫真正体验过家务事的烦琐和劳累，很多人更是把家务事看成是无关痛痒的“鸡毛蒜皮”，这种想法显然是错误的。一个好丈夫，一个体贴妻子的丈夫，应该尽可能多地参与家庭事务，在家务事上多给妻子建议和帮助，最好能实实在在地替她做一些事情，不要把你做什么、我做什么分得那么清楚，家是共同的，家务事也应该共同分担。

珍尼弗的丈夫是个独子，由于家里的宠爱，从小就养成了不做家务的毛病，结婚后更是变本加厉，认为所有的家务都是妻子的天职。为这事，两人没少发生矛盾。珍尼弗经常给朋友抱怨：我这丈夫也太懒了，就算天塌下来也不会伸伸手的！

为了让懒丈夫体验一下家务事的辛苦，珍尼弗决定让他当几天“家庭主夫”：她借口要回家照顾生病的母亲，必须离开家几天。

珍尼弗走后，丈夫就代理了她的职务，原本认为这是一个再轻松不过的差事，谁知道自己执行起来竟是如此的痛苦：首先面对的就是吃饭问题，除了煎蛋，他什么也不会做，在连吃了两天之后，他想起鸡蛋来就头疼；其次，家中的事情实在是太多太烦琐了，每天早晨起床后要浇花、收拾房间、扔垃圾、拿报纸，下了班要去超市买生活必需品，晚上吃完饭要洗衣服，每周都要来一次大扫除……

第一天，丈夫就开始怀念妻子在家时自己的安逸；第二天，他累得头晕眼花；一个星期过后，他觉得好像是过了一年；十天后，他开始给珍尼弗打电话，乞求她快回来。

这时，珍尼弗如救世主一般降临，挽救了他已经一塌糊涂的生活。

通过这几天“家庭主夫”的体验，丈夫体会到了妻子工作之余还要操持家务的辛苦，他想要和妻子一起承担这份辛苦，开始主动要求承担家务。这样一来，夫妻两人相处的时间多了，交流也多了，生活比以前更和谐，幸福的说笑声经常从他们家中传出。

体贴不是挂在嘴上的，好丈夫应该把自己的体贴放在最实际的地方，分担家务，就是丈夫给妻子的最实际的体贴。

总而言之，只求收获不肯付出的爱情，难以长久。彼此间的付出和收获不平等的爱情，更难以长久。家庭就好比是两个相恋的人的情场，依然需要两个人拿出恋爱时候的情怀，女人尊重男人，男人体贴女人，婚姻就没有不幸福的。

爱情，不是偶尔才点燃的绚烂烟火

每个人都曾经渴望有一份快乐甜蜜的爱情，一桩幸福美满的婚姻，但事实常常不如人所愿，是自己命不好吗?

不是的，而是你自己没有好好经营自己的婚姻。正如作家洪烛曾经在一篇文章里写到的："爱情跟塑料、皮革、丝绸一样，也会老化。老化的爱情，强度与韧度大大削弱，变冷变硬，稍不留神就会开裂。"

其实，婚姻的最高境界就是经得起平淡的流年。两个陌生的男女因为激情相爱了，因为激情结婚了。婚姻生活开始了，漫长而持久的生活，想保持永远的激情，真的很难。所以婚姻中只有平淡才是最真实最永久的，只有平淡才是婚姻生活的真谛。这份平淡中有最初的激情，有爱，有相依相偎的深情。这份平淡不是淡漠，不是疏远，不是无情，这就是婚姻中的爱情。

周小玲结婚后，总是感觉不如意，每天烦琐的家务事让她焦头烂额，家庭生活也是单调乏味。

一天，周小玲向女友倾诉了心中的空虚和寂寞。并苦笑着说，只有摆弄花的时候，她才能找到一点久违的浪漫。女友望着她养的花问：“这些花开得如此鲜艳，如此茂盛，你是怎么照料的？”她说：“我除了按时浇水施肥，每年还给它们剪枝、松土、换盆。天气好时，搬到屋外面，让它们吸收阳光；碰上刮风、下雨，我就把它搬回屋内……”

还没等她说完，女友就打断了她的话：“那么，你为你的婚姻都做了些什么呢？”周小玲顿时语塞，女友的话一下子点醒了她。从那以后，聪慧的她开始像养护花草那样滋养自己的婚姻。她买了一大摞丈夫喜欢阅读的杂志，还经常找时间与丈夫沟通，而且做家务时也不抱怨了。当她做出这些改变之后，她惊喜地发现丈夫也好像变了样，一有空就帮她洗衣服、刷碗、打扫屋子，周末还常常陪她出去散步、游泳、打网球等。慢慢地，婚姻变得更加有味道，他们开始有滋有味地享受甜蜜的爱情以及家庭的温馨，两个人的笑容越来越灿烂，脸上洋溢着无法掩饰的幸福。

爱情的长久经营，绝对不是靠偶尔才点燃的绚烂烟火秀来维系的。不要因为两个人在一起的时间久了，就不再体贴对方，就对对方大呼小叫，就不再牵手、约会、上馆子、看电影；就不再替对方开门、拉椅子、提包包、搬重物、撑伞、打蟑螂……像养护花草那样滋养自己的爱情、婚姻，感情才不会出现破口，才能长长久久。

在现实生活中，我们在经营婚姻时，也是需要一点点智慧，一点点技巧的。

1. 在婚姻里，要知道彼此要的是什么

婚姻，既是展示自己、剖析自己、施展魅力（甚至改变自己），也是结识对方、了解对方以致适应对方的一个双向过程。

作为丈夫来说，你要了解妻子对爱的需求方式。一般来说，只有当你对妻子表示兴趣、关心、理解时，妻子才会觉得被爱、被关心，她才会有幸福的感觉。因此，要多为她营造温馨浪漫的气氛，例如要在生活中注意让妻子高兴的每一件小事；尤其要体谅她细腻的感情，要像恋爱时那样关心、爱护她，常说一些使她幸福愉快的事；做事时要带有浓厚的感情色彩；还要有勇气检查一下自己，清除那些会伤害感情的东西。

作为妻子来说，每天也都要表现出爱心，因为男人同样需要一块爱的蛋糕，并且还需在上面加一点糖。因此，你需要万事存着感激之心，例如对于丈夫为你做的每一件小事，都要表示由衷的谢意；丈夫每送一样结婚纪念品、生日礼品或陪你看一场电影，你都要赞扬和感谢他，正如女人需要男人的浪漫和忠诚一般，男人也需要女人的赞美和感激。

这样的相处模式会使双方更乐于付出，妻子能给予丈夫挚爱与接纳，丈夫也能回报妻子最渴望的支持与感激。

2. 婚姻中也需要保持住恋爱时的浪漫

我们常常听人说婚姻有“七年之痒”的说法，其实这是由内心的倦怠造成的。一对夫妻结婚几年或十几年，一直在一起生活，对方的一举一动、一言一行，自己都了如指掌，彼此之间就会渐渐失去了当年的新鲜感，似乎爱情已过了保质期，浪漫早逝，温情不再，婚姻难免出现问题。但如果你懂得不时在平凡简单的生活中加入一点恋爱时的浪漫元素，那么你的婚姻一定“痒”不起来。

其实不管男人还是女人，每个人的内心里都有着对浪漫爱情的美好愿望。可能有人会觉得浪漫就是献花、跳舞，没有时间、没有钱就不能浪漫。这你就错了，要知道，浪漫的形式可是丰富多彩的。例如：中秋节，一家人赏赏月，带小孩吟诵“床前明月光”；生日时，举行家庭烛光晚会，即使没有生日蛋糕也不要紧，只要有点儿新鲜的节目就行；结婚纪念日，亲朋好友在一块儿聚聚餐，席间说说婚恋时闹出的笑话，再去照张全家福……这些不都是浪漫的表现吗？只要你时时拥有一颗爱人的心，那么所有的奇思妙想都会涌现，所有的恋爱感觉都会回归，婚姻会变得瑰丽多姿，生活会变得绚烂多彩。

值得强调的是，爱情之花也是需要夫妻双方共同精心培育和浇灌的，如果有一方忘记了呵护，那么这朵爱情之花就会枯萎、凋谢。不过，与其改造别人，不如首先改造自己，相信你也一定会得到对方的呼应。

真爱就是彼此相信，互相支撑

当爱情走进婚姻，与恋爱阶段相比，我们一定会面对更多的现实生活压力和问题，因而遇到的困难和难题也多得多。这并不可怕，关键是要能得到爱人的坚定支持，帮助自己走出人生的低谷。如果一遇到问题爱人就退缩，甚至“落井下石”，这连朋友都不如，以后的婚姻生活将无法进行下去。

尤其是男人，他们并没有人们想象中的那么坚强，他们更需要他人的支持，特别是来自另一半的理解与相助。劳累的时候，也需要另一半能贡献出自己的肩膀，让自己休息一下；遭遇挫折的时候，也需要一个温暖的家，一个温暖的怀抱，助他走出困境。

就像幸运的亨利·福特先生，福特年轻的时候是密西根底特律电灯公司的一名技工，每天的工作时间是10个小时，下班后继续在屋后的一个旧工棚里工作，他想为马车研究出一种新的引擎。

当时，除了他的妻子，所有的人都在取笑他。

白天的工作结束后，妻子就开始帮助他研究。妻子提着煤油灯，寒冷的天气把她的双手冻成紫色，但是她坚信丈夫总有一天会成功。福特先生亲切的称呼她“信徒”。

1893年，邻居们被一串奇怪的声音吸引到窗口，他们看到亨利·福特和他的“信徒”正坐在一辆没有马的“马车”上，那辆车子摇摇晃晃，居然可以拐个弯又跑回来！

那天晚上，一个对国家影响巨大的新工业就这样诞生了。

福特先生在50年后接受访问时，有这样一个问题：“如果有来世，您希望做什么？”他回答：“做什么都无所谓，只要能够和我太太在一起生活。”

可见，一个女人对自己丈夫的支持是会起到多么神奇和强大的力量。

然而现实生活中，很多女人不能做到这一点，不懂得全身心地支持和爱护自己的丈夫。当生活的厄运降临的时候，这样的女人只知道用尖酸刻薄的语言和行为来挫减男人的锐气。这样的女人很容易让男人一蹶不振，在失败中消耗掉最后的力气。这时候，如果女人能像丈夫永远忠实的信徒一样，送上这样的话：“这么点小事，我想你不用放在心上的；这样的事情是不能压倒我最伟大的英雄的；亲爱的，振作起来，我相信你一定可以的！”那么，男人的状态和事态的发展就会大大不同了。

在丈夫面前扮演好信徒的角色，不仅是在挽救另一半，也是在拯救家庭。具体来说，聪明的女人应该这样做：

1. 如果丈夫遇到挫折，你要让他觉得这“没什么”

当丈夫遭遇挫折，甚至是比较大的挫折，妻子要做的第一件事，就是要让他感到这个挫折没有什么了不起。出于对家庭的责任感，丈夫是很在意妻子的看法的，如果妻子觉得这事情很严重，丈夫就会觉得很严重，也感到很羞愧、懊恼。但是，如果妻子告诉丈夫，她并不把损失看的很严重，丈夫的心里就会大大地松一口气。他知道妻子不会因此而责怪和嫌弃他，他的压力才会减轻，才会有东山再起的信心。

有时候，即使丈夫在一件事上彻底失败了，你也要让他觉得这在你们的生活中并不是决定性的事情。你要让他知道，任何时候你都不会嫌弃失败的他，任何时候，你都珍惜你们之间的感情。

2. 如果丈夫遇到挫折，你要多给他家庭的温暖

虽然男人在大多数情况下要比女人健壮进取、果断沉稳、临危不惧、成熟老练，但是当他们遭遇挫折时，要比女人更容易消沉沮丧或自暴自弃。一个好的妻子，除了懂得投进男人的怀抱里撒娇外，还要学会在男人遇到挫折的时候变成男人的港湾，提供给他一个温暖的怀抱。世间总有不顺心的事，当男人遇到挫折，不堪重负时，他便会变成一个孩子，急需要从你那里寻求母亲般的呵护。这时候，你要适时地给予保护和娇宠、安慰的话语、亲昵的抚摸、温暖的怀抱，这些都是他们的救命稻草。因此，聪明的女人一定要在这个时候及时给予他呵护和关怀，让他感觉到家庭的温暖，重新站起来。

3. 如果丈夫遇到挫折，你可以帮他分析原因，帮他东山再起

对于一个家庭来说，女人是水，男人是舟，“水能载舟，亦能覆舟。”聪明妻子往往能够让落魄的丈夫勇于面对困难，迎接新挑战。当丈夫失意、落难时，正是他最脆弱的时候，切勿嘲笑他的无能，千万别离开，别再二次伤害他。你要悄悄地站在他身边，为他抹去眼角的那滴泪，并为他分析其失意的原因，研究其解决问题的办法。

当然，幸福的生活，并不是女人一个人努力就能得到的，男人们也应该做女人最忠实的信徒，永远懂得欣赏老婆的美丽，永远爱吃老婆做的饭，永远不会嫌弃老婆为了帮你养育下一代而走形的身材。让女人知道，在这个世界上，即使所有男人觉得自己丑陋，依然有一个男人把自己当做是这个世界上最漂亮的女人，就能给予女人最大的幸福感了。

总之，真爱就是彼此信任，互相支撑的。男人和女人都需要一个忠实的信徒来护卫，需要一个能建立起他的抵抗力和信心的太太或丈夫，让他（她）知道没有任何事情能够改变他（她）对自己的信任。这样的婚姻是彼此信任的婚姻，这样的婚姻是彼此鼓舞的婚姻，这样的婚姻是幸福的婚姻。

用一生的时间来守候爱情约定

有人曾经把婚姻比喻成一把伞，能在风雨天气为自己遮挡风雨。可是一旦遇到风和日丽的好天气，有些人就会觉得这把伞就像是多出来的累赘一样。其实有很多人会有这种感觉，可是，爱情是神圣的，婚姻也是神圣的，是不容亵渎的，不能因为婚姻里没有了浪漫和心动就急着逃出婚姻。

有浪漫的婚姻固然好，可是有几对爱人又能几十年如一日地保持初恋时候的感觉，曾经有过的浪漫早就被平淡的日子磨光了，有的只是和另一半相守的平静幸福，正是这种平静的幸福才是人生最宝贵的东西，婚姻就是一辈子的约定，是一个要用一生的时间来完成的爱情约定。

布朗和玛莎从结婚到现在有40多年时间了，这中间两个人也有吵闹的时候，也有闹到要离婚的地步，可是再怎么磕磕绊绊，吵吵闹闹，两个人都是不离不弃，将婚姻继续下去……

在最初结婚的时候，布朗还是一个英俊的小伙子，可以说是风流倜傥，也曾经在婚姻之外寻花问柳过，但是玛莎始终对布朗不离不弃，布朗也很珍惜和玛莎的婚姻，他深知，如果失去玛莎这样一位妻子，很难再找到一个能对他包容这么多的好妻子，在玛莎一次次原谅布朗之后，布朗也意识到了自己的错误，痛改前非，决心对玛莎忠诚，珍惜这段来之不易的婚姻。即使是玛莎脸上的皱纹越来越多，手也不再光滑，甚至背都有点驼的时候，布朗对玛莎还是一往情深。

现在两个人的孩子们都已经成家立业了，两个人还是保持着对彼此的感情，生活过得很幸福。

其实，这就是婚姻的真谛。在茫茫人海和大千世界，能和你走到婚姻殿堂的那个人，肯定是上天安排给你陪伴你共度余生的人，也许婚后你会觉得自己找错了人，错失了更好的结婚对象，可是当你踏进婚姻的时候，你就会发现，你的他（她）带给你的是别人无法给予的幸福和踏实，你需要做的就是对你们的婚姻忠诚，用自己一生的时间守候婚姻的承诺。

《马太福音》里说："神要夫妻互相承诺，直到死亡。只有神有权利用死亡来终止夫妻之间的婚姻。"两个相亲相爱的人，有时候也会因为言语或者行为互相得罪，彼此伤害，互相失望，但是有再多的矛盾，有再多的困难，既然走进了婚姻，就要学会彼此珍惜，尽量不走到离婚的那一步。其实，婚姻就是在另一半需要帮助的时候，你始终站在他（她）的身边；在另一半需要有个人鼓励的时候，你就是那个第一个站出来的人；在另一半失落的时候，你就是那个会永远陪在他（她）身边的人。既然选择和那个人步入婚姻，就要用一生的时间去践行那神圣的承诺，用自己一辈子的时间只对那一个人好。

当然，承诺不能仅仅停留在口头上，还必须落实到行动中。真正的承诺需要贯穿于你每天的所思所想、所言所行中，要让对方真真切切地感受到：你准备永远和他（她）在一起。下面这些建议或许可以帮到你：

1. 抵抗有关选择其他伴侣的想法

如果你想拥有一个美丽的花园，你就要不断地给你的草地浇水和修剪，而不是在篱笆旁徘徊，张望外面的风景。“如果我娶的不是她，而是 ××，那么……”、“如果有一天，我不和他在一起了……”，这些“丰富”的联想会慢慢将你引入歧途：你对现有的婚姻越来越不满，感情投入越来越少，幸福感也会大打折扣。要知道，结婚，就意味着彼此给了对方一个承诺。你在践行这个承诺的过程中，必须抵抗所有有关选择其他伴侣的想法，不允许它们在你心里安家。

2. 用“我们”代替“我”

爱人身份的实质就是“我们”的整体感。如果一对爱人没有“我们”这种整体感觉，冲突会更容易发生，因为对方把问题视为“我对你”，而不是“我们对问题”。如果你们决定一起留在船上，那么为什么不停止射击，以免船底穿洞，要去修补最糟糕的渗漏，而不是一起安全划桨呢？

3. 常讨论你们共同生活的计划

"无论如何，我们都会在一起"的信念会帮助你们坦然越过生活中的不如意，帮助你们更容易理解对方，接受对方的弱点和失误，更真诚地开放自己，信任对方。因此，希望得到幸福的两个人应该常讨论你们共同生活的计划。因为如果没有长远观念，你们会将目光盯在即刻的回报上，囿于斤斤计较和苛责抱怨而无法自拔。

爱情不会永远轰轰烈烈，终有一天它会变成一股清泉缓缓流淌。人也不会永远年轻，终有一天少夫少妻会变成老夫老妻。只有懂得了彼此珍惜，共同维护牵手的婚姻，才能"执子之手，与子谐老"。

事业固然重要，但也别冷落了家庭

现代社会，不管是男人还是女人，家庭和事业都是不可或缺的。可是，对很多人来讲，成功的事业往往是要以忽略家庭为代价的。而要拥有美满的家庭，就很可能要牺牲事业。

难道"鱼"与"熊掌"真的不能兼得?

其实不然。"家庭是事业的后盾，事业是家庭的保障"，这二者本就是不可分割的一体。努力在事业中打拼，除了实现自身的社会价值外，还是为家庭生活解决生计或者改善生活质量，是为家庭幸福提供物质保证；而多些精力给予家庭，是为了增进和融合感情，以上两者缺一不可。关键问题在于你能否在家庭与事业之间，找到一个平衡点，使自己更接近自己想要的结果。

阿什利是美国西部著名的布鲁斯民谣歌手，她就很好地做到了家庭和工作的平衡。

每次巡回演出，阿什利都是全力以赴去准备演出。但自从结婚育女之后，她觉得自己已经不需要再向别人证明什么，而应该更多地回归自己的家庭。

阿什利说："对于我来说腾出时间和家人待在一起是很重要的，因为我必须给家庭留下足够的时间，不然的话即使我身在舞台，心也不在那里。我知道我可以花时间待在家中做一名家庭主妇，照顾我的丈夫和女儿，对我来说，这真的很重要。"

不难看出，阿什利为了家庭牺牲掉了一部分自己的事业，但是不得不说这真是一个明智的选择，阿什利因这样的选择变得更加完整，不单单是一个歌手，还是一个妻子，一位母亲。

女人是这样，男人也是如此，如何能够在繁忙的工作和家庭之间取得平衡是每个人都需要解决的一道难题。对此，你可以参考以下方法：

1. 让爱人投入你的事业

其实，几乎大多数人在寻找爱情的时候，事业心都是一个重要因素。因此，一心扑在自己的事业上就不应该使爱情遭遇毁灭。这里的关键是，在你追求事业的时候，不应该忘记另一半，应该让爱人也为你的事业忙起来，让对方也投人你的事业中，与你分忧解愁。如果让爱人闲着，无事可干，他（她）会觉得空虚无聊，觉得寂寞难耐，就会想入非非，就会与你离心离德，最后就会离你而去。因为爱人觉得你忘记了他（她）的存在，觉得他（她）对你不重要，就会去寻找重视他（她）的存在的人。如果你能把自己事业上的矛盾、烦恼、痛苦告诉爱人，让爱人帮你想办法，他（她）一定会很高兴，一定会更加爱你。

2. 与爱人分担家务

如果你觉得只要挣了钱就可以的话，那你就可以从任何一个服务机构那里得到你的衣食住行，你就不必建立家庭。每个建立家庭的人都应对家庭负有一定的责任和义务。事业心强是对家庭和你个人负责的一种表现，但是家庭的需要是多方面的，是要你负全面责任的，而不仅仅是你的事业。有些人整天忙自己的事业，实际上是逃避家庭的责任和义务。吃完饭，嘴一抹，就走人，这不仅是对爱人的劳动的不尊重，也是对自己的不负责。因为家庭不光需要你搞事业挣钱，还需要你的爱心、你的温情和你的乐趣。

3. 把工作的压力留在家门之外

工作中自然少不了压力、烦恼，例如，办公室里出了差错，或失去一笔买卖，或挨了老板一通官腔累得头痛，没能赶上交通车，等等。许多人的做法常常是几乎还没有回到家，就想把气出在家人的头上。但这样做的后果是不仅会影响两个人的感情，还会让自己的工作心情更差。

荷兰人有个习惯，把鞋子留在玄关外面，然后才能走进屋里。我们也应当跟荷兰人学一学，在进到屋子之前，把一天工作上的麻烦，脱下留在外面。既不能把未完成的工作带回家，也不能去想还没有完成的工作，让自己在家庭的私人空间完全放松，多珍惜和关心自己的另一半。当然，也不能把家庭生活中的琐事情绪带到工作里。只有这样，才能既做好工作，又经营好婚姻。

4. 对时间进行合理规划

既然你已经走在了家庭与事业的平衡木上，时间已经严重不够用了，所以一定要好好管理和合理分配这有限的时间。包括：该放弃的时候，比如当女人 30 岁的时候，在生孩子和工作之间，选择生孩子；雇人照顾孩子，夫妻俩一起每个月至少出去一次，哪怕仅仅是去郊外兜兜风，总之一定要有和爱人独处的时间和空间；没有特殊情况，周末尽量不工作，因为你不能把所有的时间都给工作，要给家人留一些。比如，和爱人一起做一顿好吃的，对方就可以感觉到你的爱；要学会忙中偷闲，不要一工作就忘记了家。比如，你在公司的时候，爱人不舒服了，你一定要记得打电话问候；加班的时候也要打个电话回家，告诉爱人，因为这不过是举手之劳，根本不会耽误你的工作。

5. 爱人之间充分沟通

经常和爱人保持沟通，取得对方的支持和理解，这是维持家庭和睦的关键因素。

不可否认，步入婚姻后，我们既要忙工作又要忙家庭，单位里的事让人喘不过气来，家里的杂事也让人心烦，忙完这又忙那，这使我们的心境变得杂乱，时间也变紧了，没有了谈情说爱的兴致，而且两口子的各种分歧也逐渐凸现。这时，最需要的是双方的充分沟通。忽视了沟通，会使彼此间小小的裂缝变成深深的沟壑，而使婚姻坠入死谷。其实，沟通并没有我们想象的那么难。我们可以选个周末的夜晚，或利用其他相处的时间闲聊一通。趣事、烦恼事或是喜事，以至婆婆妈妈事，都可成为话题。用不着刻意寻找热恋时的感觉，只需坦诚交流，充分沟通，便会使两颗心靠得更近，对彼此了解更多。这样，就不至于在冷漠中感叹“你不明白我的心”，并使两人之间的缝隙得到及时的修补。正如心理学家提醒我们的，通过闲聊来巩固夫妻间的感情，是促进婚姻幸福的最简便易行并行之有效的方法之一。

总之，如何平衡事业和家庭之间的关系，确实是一门学问。每个人的情形不同，对事业和家庭的理解和偏重也不同。因此，一个人首先应该想清楚自己要的是什么，然后再寻找平衡点，避免顾此失彼。

理财：人必生活着，爱才有所附丽

鲁迅说，“人必生活着，爱才有所附丽”，两个人的幸福生活并不是只有爱情和亲情就可以维持，还要相爱的两个人共同为家庭制定好的理财方案，积累家庭财富，为家庭必要开支和意外开支做好充足的准备。

现实生活中，却有太多的情侣一边享受着甜蜜的爱情，一边为日益干瘪的钱包而着急。他们为了讨好对方，常常会互送一些中看不中用的礼物，觉得理财太玷污纯洁的感情。然而，爱情不是生活在真空里，没有了理财土壤的培育，再美的爱情也容易枯萎。实际上，物质上的保障既是生活的基础，也是爱情的保证。

崔小媛和丈夫都是独生子女，两人都有不错的薪酬。父母也都在他们结婚的时候帮了大忙，帮着他们置办了房子不说，家用电器也是一应俱全。但是婚后的日常开支却渐渐地让夫妻俩有点吃不消了。每个月除了吃喝、衣服、交通等一大笔开销，光水电费就要从自己的辛苦钱里拨出 400 元。这让崔小媛一个月比一个月焦急起来。她在深刻理解了“花自己的钱才知道心疼”的道理后，也开始反省自己和丈夫为什么会有这么大的开销。

在缩减了每个月购物的开销后，崔小媛开始整治家里水电费一直居高不下的问题。崔小媛经过留心观察发现，家里费水费电是因为他们的严重浪费所致：他俩回家后，会把每个屋的空调都打开；家里的电热水器 24 小时都开着；他们家的灯都是大吊灯，白炽灯泡；他们的衣服脏了就洗，而不是攒够一桶才洗。

想到这些显而易见的烧钱问题，崔小媛开始实施省钱计划。天气热的时候，他们把电脑搬到客厅的便桌上，把客厅的空调打开，关上卧房和书房门；晚上睡觉前，他们把卧房的空调打开，把客厅的门关上。这样就省下了一大笔电费。

崔小媛还规定：两个人一起洗澡，洗澡 20 分钟前，将热水器的电通上；洗澡的时候，一个人搓澡，一个人淋浴，还能节约一部分水，两个人也可以开心地说话。她还把冰箱旁边的搁架拿开，这样可以让冰箱有很好的散热环境。她还把家里的白炽灯换上了节能灯，把脏衣服攒到一块洗，洗衣机流出来的水用大桶盛起来，再用来擦地或者洗鞋。

经过这番改革，一个月下来，水电费才100多块钱。她的丈夫说她从一个“败家娘们”变成了一个会持家的“新好媳妇”。

崔小媛还改变了自己购物的习惯。现在她每次去超市购物，争取一站购齐，不再多跑路。她还从小区的QQ群上约上邻居，合伙购物，这次你家开车，下次他家开车，这样就省了一大笔油钱。在购买衣物时，她也本着“一定需要就买”、“不一定需要就坚决不买”的原则。半年下来，她自己的工资非但不像以前那样所剩无几，还小存了一笔，工资卡上出现了4个零的数字。这使崔小媛兴奋得都跳了起来。

爱情需要像玫瑰般浪漫，也要像钻石般持久。而要想让爱情持久，良好的经济基础是一个必不可少的重要条件。如果没有经济上的保障，夫妻两个连最起码的生活保障都没有，又谈什么爱情？所以说，制定一套适宜的家庭理财方案，是每对夫妻都应该认真思量的问题。

那么，到底该怎样根据双方的经济收入，来合理安排家庭理财呢？

1. 学会记账

对家庭的每一笔消费支出进行记账和统计，逐项仔细分析，看看哪些消费是必须的，哪些是次要的。在这个基础上，与自己的爱人一起认真总结，从而保证每月能节余一部分钱。

2. 做好预算

由于家庭收入基本固定，因此家庭预算主要就是做好支出预算。支出预算又分为可控制预算和不可控制预算，诸如房租、公用事业费用、房贷利息等都是不可控制预算，每月的家用、交际、交通等费用则是可控的，要对这些支出好好筹划，合理地花钱，使每月可用于投资的节余稳定在一定的水平上，这样才能更快捷高效地实现理财目标。

做预算时可遵循以下原则：一般房屋贷款的每月还贷金额，银行要求不超过家庭月收入的 50%，但建议控制在 30% 以内，否则可能会影响生活品质。没有小孩的家庭，要把食物的花费控制在 10% 之内，置装费用控制在 10% 之内，交通费用控制在 5% 内，娱乐支出控制在 10% 内，杂项支出控制在 10% 内。这样一来家庭总支出为总收入的 75%，每月可以留下 25% 进行投资。

3. 开源节流

俗话说，花钱容易赚钱难。假如你是工薪阶层，家庭资产不多，增值有限，那么，节约消费则大有潜力可挖。比如，日常生活中我们避免盲目消费，不盲目赶时髦，平时购物货比三家，巧用反季节消费，尽量减少浪费；尽量在家里请客，在不赶时间的情况下，尽量少坐出租车。这些账算下来，应该是一笔不菲的费用。节省也是挣钱，这也可以说是聚财之道。在开源方面，你可以尝试寻找一些兼职来增加收入。

4. 坚持储蓄

如果你每月坚持一定的储蓄金额，哪怕数额不大，也可以使你获得经济上的舒适。如果你们两个花钱都大手大脚，那可以采取最容易的储蓄办法，就是把5%的收入放到自己不能随便提取的地方。你也可以自动转账，每月把5%的薪资自动转入储蓄账户。每月储蓄薪水的5%，积少成多，会刺激你储蓄的欲望，把储蓄比例逐渐加至6%、7%甚至8%，日后的生活也就逐渐有了保障。

5. 保守投资

如果手上有了一些资金，那么在保证家庭正常开支的基础上，完全可以进行一些比较安全的投资。如建立退休基金等是夫妻理财必不可少的内容之一，通过个人退休金账户或退休金计划的形式，可以使配偶（或孩子）成为退休基金的受益人。

总之，家庭理财一定要搞好收支平衡，否则出现财务危机，势必会影响夫妻感情。因此，一定要坚持量入为出的持家原则，勤俭节约，精打细算，手中要始终留有一些充裕现金，应对紧急情况。这样，就容易预防财务危机于未然，拒感情危机于千里之外。

第六章

情外谈情，你玩不起的浪漫

爱情本身就是需要彼此的忠贞

爱是博大的，但爱情却是狭隘的，它只容得下两颗心，再慷慨的人也无法容忍情感的背叛。当一对相爱的男女携手走入婚姻的殿堂时，他们也就许下了相互忠贞的诺言。对夫妻任何一方来说，忠实于配偶都是自然而然的一件事。

然而，今天的社会，不断有新的价值观冲击着人们的思想，爱情，甚至婚姻几乎都成了快餐。但不管怎样，那种白头偕老、相濡以沫式的爱情始终是最古老也最理想的。“愿为双飞鸟，比翼共翱翔，丹青著明誓，永世不相忘”。真正的爱情，应该有这样的忠贞。

女人和朋友出去旅游了，男人一个人在家，喝着啤酒，不停地换着电视频道。

这时，女孩给男人打来电话，她说：“我闲着没事，到你家坐坐吧。”男人说：“这不行，我正要出去。”女孩其实已经在男人的楼下了。她是男人的属下，女孩很多次对他表示出了好感，男人都巧妙地拒绝了。男人知道，年轻女孩的心是一张空白的纸，他没有资格在上面留下任何痕迹。

女孩提着很多东西，手里还拿着一瓶红酒，站在了男人的家门口。男人说那我下厨吧。女孩说，不用，然后在厨房里忙碌起来。男人开始收拾房子，偶然看见女孩忙碌的背影，突然有一种感动。就那么一会，他立即将这种片刻的感觉压在心底。他开始悄悄打电话约熟悉的朋友来家里吃饭，可是朋友们都不在，女孩已经在喊他了。

男人来到厨房，吃了一惊，这么短的时间女孩儿居然做好了牛排、意大利面，还有一份汤。一桌丰盛的餐点，一瓶红酒，女孩脸上妩媚的笑，搅动了他的心。说不清为什么，他在女孩不注意的时候，关掉了手机，拉上了窗帘，他能听到自己心跳的声音。

红酒喝完了，女孩软绵绵地倒在了男人的怀里。男人承认女孩是美丽的，他紧紧地把她抱在怀里，也就在那一刻，他才感觉到女孩的身体是那么弱小，在他宽阔的臂膀里像个孩子，他的心猛地一颤。他把女孩放在床上，轻轻地带上了门来到客厅。

男人仍然喝着啤酒，不停地换着频道，期间，也接听到女人打来的电话。

男人一夜未眠。虽然他分明听到了女孩轻轻的呼吸，但是他努力地让自己的心冷静、再冷静。女孩醒来的时候已经是第二天早上。男人为女孩准备了早餐。吃饭的时候，女孩问：“你不喜欢我吗？”男人说：“喜欢。”女孩又问：“那你不寂寞吗？”男人承认：“有点。”接着，男人认真地说：“生活是一种责任，就像这片面包和这杯牛奶，尽管老吃觉的没有什么味道，可是你每天还得做、还得吃，有时甚至觉得它难吃，可是不吃心里空荡荡的。”

男人实际上是在告诉这个女孩儿，虽然生活里有很多诱惑会让人流连忘返，但是婚姻里的男人是有责任对另一半忠贞的。男人的这种责任心，拯救了一个家庭，同时也保全了两个女人，而男人自己也获得了心灵的宁静。

其实，在任何一桩美满的婚姻中，忠贞从来都是被放在第一位的。也许当初你可以靠外表、靠金钱、靠地位，但这只是获得爱情的方式，要想维持爱情，让爱人对你一心一意，直至走进礼堂共度一生，忠贞一定是必不可少的。实际上，如果一对夫妻真诚相爱，他们一定言行坦荡彼此信赖，他（她）根本就不会对别的异性感兴趣，更不可能发生什么越轨行为。而一对夫妻若是同床异梦，就算婚姻锁得住他们的身体，那也是不可能锁得住他们的灵魂的。一个人若是夜夜睡在爱人的身边却又时时想着自己的情人，这怎么算得上是忠诚呢？当一对夫妻只能用某件物品来证明彼此的忠诚时，那他们的婚姻事实上已是名存实亡了。

当然，很多背叛发生时并不是事先想好的，只是在天时、地利、人和的情况下，不知不觉就发生了另一段不该有的感情。因此，要想真正做到绝对的忠贞，还是需要来源于内心的力量，来自于一个人对自我的约束。

1. 培养深挚的情感

事实上，夫妻之间的忠诚还是靠感情的。假如两个人没了感情，不管采取什么强制措施，都是无济于事的。常言道：变了心的女人九头牛也拉不回头。同样的，变了心的男人九列火车也拉不回头。在电视里面我们时常可以听到这样的台词，变心的一方对另一方说：“你能留住我的身体却不能留住我的心！”从这个意义上来说，夫妻二人情深意笃，比任何防范措施都更有效。不管夫妻双方的地位、财产、学历差别有多大，只要两人真是心心相印、真心相爱、感情笃深，忠诚自然也就有了。

2. 保持心灵的沟通

生活不可能永远都是激情四射的，恋爱时的花前月下、山盟海誓，总会被琐碎杂事所取代。要把握和维系好这种既亲又爱的关系，使之像酒一样越酿越醇香，靠的不是互相要求、制约、猜疑甚至跟踪探察，而是靠心灵的沟通、理解与信任。一对夫妻没有什么比不能沟通更痛苦与不幸的。更何况所谓的夫妻忠诚，并不是单指身体是否犯错，而是心灵有没有越轨。如果心灵沟通了，交融了，那也就不存在不忠与越轨了，这样的夫妻才能拥有真正的幸福。

3. 珍惜彼此的感情

佛家有句话说，“百年修得同船渡，千年修得共枕眠”。两颗心在人海中相遇、共同生活是很不容易的事，要加倍珍惜。婚姻就像瓷器，要烧制成完美的状态很难，你要不断地修补漏洞，但要打碎它却只在不经意的一瞬间，“敝帚”还要“自珍”，何况是爱人之间的感情。

4. 拒绝外界的诱惑

如果你不善于把握自己，就事先预防，杜绝可能产生的诱惑。在和异性朋友交往时应保持适当的距离，对异性展现魅力风采和殷勤体贴时也要适可而止，以免因“近水楼台”自找麻烦，徒生困扰。经常和爱人同时出现在某些公共场合，一方面可以认识共同的朋友，一方面也让爱慕者知难而退。

一生一世在行为上和思想上都对自己的爱人忠贞的人可能比较少。但当我们能用一颗平淡的心去面对生活带给我们的种种诱惑，我们就会知道：爱情不仅仅是一件浪漫的事情，也是一种责任，一种道义。

冲动是魔鬼，一时激情后患无穷

所谓“食色性也”，性本来就是一种本能的东西，对婚姻之外的异性有好感，也是正常现象。不过，却仅限于此，如果你放纵了自己的一时激情，那么，许多年营造的婚姻大厦，就可能在短时间内崩塌。除非你已做好离婚的心理和现实中的准备，否则这种后果，可能是仅仅想玩玩的你不想看到的。

下面这段自述，就来自一个因一夜情而悔恨的男人：

我和妻子已经结婚10年了。当初相恋时，妻子是研究生毕业，而我只是一个小小的本科生，没房子也没车。但妻子还是坚持嫁给了我。

我当时特别感动，在心里暗暗发誓：一定要好好爱她、疼她，这辈子绝不辜负她！妻子是个可爱的女人，有很多优点。但她也有一个缺点：什么事情都苛求完美，经常数落我。比如吃完饭，她不喜欢刷碗就算了，还要一一检查我刷得干不干净。如果有不合格的，她就数落我半天，这让我心里非常不舒服。我去接她下班，如果迟到五六分钟，她就能连续数落一个小时，话都不带重样的。每当这些时候，我都觉得我妻子更像是我妈。

当然，这不能成为我出轨的借口。出事后，我也一直无法原谅自己。我很爱妻子，一直觉得我们的婚姻来之不易。平时工作上有应酬，我都不会挨着女人坐。我的这个怪癖，全公司的同事都知道。男同事们戏称我“守身如玉”。

想起那次一夜情，我的脑子至今还有些混乱。出差前，因为一点儿琐事，我和妻子吵架了。到外地后，我心情低落，一起出差的女同事跟我关系不错，就提议一起出去吃个饭，陪我散散心。吃饭时，我们开了一瓶酒，可没想到后劲儿那么大，我俩都醉了，稀里糊涂地睡到一起。具体的过程，我一点儿印象都没有。

我也很对不起那个女同事。她已经结婚，还有孩子，对我没有那个意思。人家只是好心安慰我，结果却吃了这么大的亏。那天酒醒后，我俩都特别尴尬。她现在一见我就躲，我连道歉都没有机会。她一定觉得我是一个伪君子，平时装得洁身自好，私底下却是个乱搞的混蛋。

我更对不起的是妻子。她那么信任我，而我却做了对不起她的事。我觉得自己很脏，看着都恶心。出差回来，我一天洗了5

遍澡。可即使这样，我还是不敢正眼看妻子。就像小时候做错事，害怕被妈妈发现一样。我这里还没缓过劲来呢，妻子却惦记着“小别胜新婚”。结果，我半途而废。妻子以为我出差太累了，还体贴地帮我按摩，伺候我泡澡。可是她越温柔，我心里就越难受，罪恶感更重。之后的3个月，我彻底阳痿了。

妻子逼着我去看男科。医生说我没有器质性病变，阳痿是由心理因素造成的。我担心隐瞒病因会影响治疗，只好坦白了那次一夜情。妻子伤心欲绝，在回家的路上，歇斯底里地骂我，疯了一样打我，还要跟我离婚！我知道错了，可现在我该怎么办呢？

可见，“一夜情”，并不是天亮之后说分手那么简单。它那散发巨大诱惑力的芬芳来自欲望，遵循快乐原则，与爱情无关。但如果听凭欲望的牵引，却一定会不可避免要承担导致的后果。

例如，由于“一夜情”的发生常常带有偶然性，大多数男女在发生性关系时都没有必要的安全措施，更由于彼此对对方既往的性经历和健康状况几乎一无所知，因此这“一次”就很可能沾染性病甚至艾滋病。另一方面，“一夜情”行为带来的心理阴影更是难以消除的。这种不可能坦然进行的性关系，在彼此心理上多多少少会很自然地留下如同偷窃者一样的烙印。激情过后，除了担心可能怀孕、患病、被他人知晓外，如何面对现在或未来的伴侣？这段不合法的性经历该深深掩埋，还是从容道出？总归是潜藏心头的一块巨石，成为一种无形的心理负荷。总之，“偶尔一次”并非那么轻松简单，不设防的结果是不受保护的。对于一时的诱惑、一时的激情，我们要避免因为暂时的失去理智，而无法分清利弊得失，无法从长远的角度看问题，而做出错误的决定。

当然，我们并不是说结了婚就不应该离。但是，只要它仍有修补和改善的可能，我们就要尽量避免婚外恋对我们感情的破坏。对于不太满意的婚姻，经营和修补婚姻不是一蹴而就的，如果我们把注意力移往他处，我们可能就缺少足够的注意力来关注和改善我们的婚姻了。

所以，在婚姻中，我们要尽量做到自我调适与相互适应，尽量避免婚外恋对婚姻的侵蚀。这些心理调适包括：

首先，要尽量排遣孤独，夫妻间要注意加强交流。即使出差，也要经常打电话，或在网上联络，和对方说说情话，给对方个小惊喜之类。像演员演戏家属还要探班，夫妻最好不要分开太久，否则很容易影响感情。

其次，学会经营婚姻，保持对彼此的吸引力。许多人数十年的婚姻都经不住一夜的进攻，问题根源倒不是一夜情的诱导，而是双方不懂婚姻经营。婚内是女人成天素装平庸、唠叨不休，男人赤膊上阵，粗俗难忍；而婚外则是主妇精心装扮乃淑女，俗男善于装饰恰君子，又怎能不让情思外扩？双方永远保持对彼此的吸引力，少些埋怨，多些理解、体谅，把握好今天，计划好未来，唯有如此，婚姻才能固如长城。

再次，生活中还要防止单调。外来刺激的诱惑提供了许多冒险的因素：调戏、历险、释放情欲等。但是如果我们自己的生活比较丰富多彩，就比较不容易被外界所诱惑。

总之，请学会舍弃冲动，不要让自己沦为“情人”，不要憧憬有一个繁花似锦、色彩斑润的婚姻“释站”，要懂得珍惜身边的幸福，因为在你韶华已逝时，那个还愿意爱你、愿意陪你走过人生风雨的人，就是你身边的爱人。

反省：爱人出轨，谁之过？

从情理上来讲，没有一个人是不渴望和自己心爱的人相伴一生的。从伦理上来讲，婚外情是不道德的，它不仅会导致夫妻感情的破裂、婚姻家庭的解体，而且也会给正处在成长关键时期的孩子造成很大的危害。不管是对自己还是对身边的人来说，婚外情都是有百害而无一利的。

可是，为什么还是有那么多的人走上了出轨这条路呢？

除了愤怒，除了痛苦，除了想尽办法挽回，你是否曾经自省过？是否分析过你的爱人为何会有外遇？有没有可能是你的某些做法，将爱人推到了别人的怀里呢？

从心理学的角度来讲，出轨的出现，固然有各种原因，但最主要、最要害的原因是夫妻的关系在某些方面失去了应有的平衡，有了缺憾。为了补偿和弥补，就产生了在适宜条件下的感情转移。比如夫妻性格不合，性生活不和谐，给双方心理造成压抑，处理不好，可能就会在围城外寻觅知音和伙伴。也有的是因为一个人的时候缺少慰藉，有某种孤独、寂寞感，于是试图通过与其他异性交往，来释放自己压抑的情绪。

当然，不管什么原因的出轨都是不应该的，如果你并不想放弃婚姻的话，反省自我并做出相应的改变，这是在爱人出轨后你必须要进行的功课。

爱人有色心不可怕，可怕的是你自己起了推波助澜的作用。如果你可以从下面这几方面反思一下自己，或许可以将爱人的出轨掐灭在萌芽状态：

1. 切勿使生活变得单调

桑德福博士在其《中年性生活调节》一书中曾指出，由于单调的厌倦是引发情变的祸因。结婚几年后，热情开始冷却，彼此在身心方面再也没有神秘的诱惑，如果夫妻双方不能探索、寻找出新的、更令人满意的生活方式的话，一些不甘寂寞者便会寻找外来的片刻之欢。

因此，你应该在生活中不时地制造一些变化和惊喜。如旅游、家庭聚会、生日和节日庆贺，特别是新的性生活方式。此外，还可以和爱人共同从事一些创造性的活动，如艺术创作、烹调等等。婚外情的吸引力在于新鲜感、调戏、情欲的释放和做贼的惊颤，其实这些因素在家庭里面也可以仿造出来。

2. 不要使爱人感到孤独

性心理学家发现，孤独感是促成外遇的主要原因。如果夫妻缺乏亲切友好的感情交流，孤独感便会油然而生。有学者发现，夫妻间如有一方把精力全部投入到工作之中，而忽略了对爱人的关心，结果会造成爱人对夫妻性关系的冷淡。在有可能的情况下，便会去寻找新的性关系。夫妻间性生活是维持夫妻爱情的纽带；它不仅是肉体的交媾，而且还伴随着情感的交流。因此，不管多忙，都一定要留出和爱人亲密相处的时间。

3. 尊重爱人的感情

爱人之间应该经常互相提醒，婚外情会伤害彼此的感情。如果为了工作上的需要必须与异性亲密接触，如共同加夜班或出差，最好事先向自己的爱人解释清楚，以取得对方的理解和支持。在这期间不要忘了经常与自己的爱人联系、交流。出差回来后，最好带些礼物给对方。

4. 尽量避免诱惑

不要在朋友面前批评自己的爱人，更不要把夫妻间的矛盾对异性朋友倾诉，否则有可能节外生枝，产生不必要的感情纠葛。可能的情况下，夫妻双方应该共同参加社交活动。工作场所的交流不要过多谈及私人话题。

5. 正确处理性生活

夫妻间对性生活处理失当，也会给外遇埋下罪孽的种子。在这方面，女性负的责任似乎应更多一些。一般说来，男性对性生活的渴望要比女性强烈，有时为了得到性生活的机会，不得不在妻子面前委曲求全。有些女性发现了这个秘密，便把性生活当成要挟和制约对方的手段，但就在她们自鸣得意之时，厌倦和反感也悄悄植根于丈夫的意识之中。

6. 营造一个温情的家

不管是男人还是女人，忙了一天，累了一天，最需要一个栖息身心的地方。如果你营造的家庭氛围充满紧张和火药味的话，本该放松身心的家成了战场，爱人怎能不往外跑？

因此，不要因为爱对方，就过度限制对方。给他空间的同时，你才能拥有自己的神秘空间。比如，你不要查看他的手机，聊天记录，那都是你不自信的表现；比如，即使爱人偶尔犯错，也能做到有耐心和信心，做爱人背后的贵人，这才叫抓住了爱人的心……总之，当你真地放手让对方出去看看时，他（她）反而会发现原来还是身边的好。

当爱人为情色所惑时，往往是自己把爱人推向诱惑的最前沿，别人才正好乘虚而入。让爱人远离情色诱惑的最好法宝，就是自己做好自己。抓住了爱人的心就抓住了爱人的人，所有的诱惑也就不堪一击。

用背叛报复背叛，冤冤相报何时了

没有人能保证婚姻生活永远如我们想象中的完美，当一个人对婚姻感觉乏味或是疲惫的时候，感情的游移最易发生。当婚姻中的“第三者”真实地出现在你面前时，你怎么办？

如果是无法接受这个现实的人，或许会果断选择离婚；如果是不想家庭破裂的人，则多半会无奈地选择接受现实。不过，还有一些人，或许会做出“以其人之道还治其人之身”的报复行为。这种方式或许会换得一时的心理平衡，但却暗藏着“伤人一万自毁八千”的隐患。除非不想再维系婚姻，否则就是最没有技术含量的一种处理方式。

虽然丈夫并没有明目张胆地与情人来往，但露西就像很多具有灵敏本能的妻子，及时地发现了丈夫的异常，这对于一向视婚姻、家庭为生命全部的她来说，不亚于晴天霹雳，她感到很伤心，但她并没有马上戳破丈夫，而是忍着痛苦，更加用心地照顾丈夫和家庭，希望能感动丈夫并保住婚姻。几个月后，露西的一切努力失败了，丈夫没有回心转意，他经常不回家。即使回来，对她也愈加冷淡。

露西慢慢地由悲伤转化为愤怒，她想，你有情人，我也可以有！于是，她开始参加很多社交活动，她是个有姿色的女人，很快就有不少追求者。露西经常到一个俱乐部练习交谊舞，她的舞蹈教练对她很殷勤，经常给她买饮料并为她擦汗。在露西看来，教练是那种又高大又帅气又懂风情的男人，但在作派上却有一点点做作。如果不是丈夫的恶劣行径，她可能永远都不会与这种男人相爱。有一天晚上，露西练完舞，走出俱乐部的大门，却发现外面不知何时下起了大雨，糟糕的是自己没有带伞。这时教练撑着伞出现了，他主动要求送露西。在路上，他只顾露西不被淋湿，自己却浑身湿透。就在那一刹间，露西居然爱上了他，就在那一天他们有了关系。从那天以后，每当露西发现丈夫与情人有约会时，她就无论如何都要与她的情人见上一面，这令她有报复的快感，能够稍稍缓和她的嫉妒。但她跟情人在一起时总有罪恶感，一点也不觉得享受。

就这样过了一年，露西觉得身心疲惫。她认真考虑后，发现自己的内心仍然深爱着丈夫，于是准备主动与情人分手。可就在这时，她的外遇被丈夫发现了！丈夫马上提出离婚，露西也拿出平时搜集到他的外遇证据说："你还不是一样有情人！我们扯平了！现在谁也不要再责怪谁，重新开始生活！"可丈夫却明确地说："没法重新生活，我无法忍受你的外遇，想起你跟别的男人在一起就对你完全失去感觉。你放心，就算与你离婚，我也不会跟我的情人结婚，即使我单身一辈子，也一定要和你离婚！"

露西坚持不离，他们闹了很久，双方的亲友都知道了他们的事。令露西想不通的是，人们能原谅丈夫的外遇，却指责她的不忠，就连她的亲友也是一样。更令露西悲愤的是，教练在事情暴露后，也把一切责任推给了她，说是她勾引了他。他还给露西的丈夫写了条子，保证绝不再跟露西联络。这个男人真的就从此没理露西，露西为曾和他的那段外遇而感到恶心。

后来，在丈夫的坚持与多方的压力之下，露西只得无奈地与丈夫离婚了。离婚后的露西悔恨不已，她说："假如时光能倒流，我一定会选择别的方式来面对丈夫的外遇。也许我会主动与丈夫挑明他的外遇，然后静下心来与他谈。能谈好就谈好，如谈不好，自己不能接受时，就堂堂正正分手，用不着偷偷摸摸去报复。在偷偷摸摸中，女人很容易遇到像我的舞蹈教练那种令人失望的男人。"

其实，报复心理人皆有之。当一个人的切身利益被另一个人严重损害时会很自然想到报复对方，以发泄心中的怨气。但用背叛来报复背叛的人，却忽视了一个很严重的问题，那就是爱人找的是自己喜欢的女人，而自己在冲动之下所找的人却不是自己喜欢的。更可悲的是，你的报复，不但伤害了自己，也伤害了夫妻感情——爱人并没有因此而回到你身边，反而走得更远。到头来，你什么也得不到。实际上，面对爱人出轨所带来的情感危机，根本就没有什么其他选择，其实只有双方的一个决定，选择和旧人重新开始，还是换个人重新再来。

那么，外遇发生后，到底该怎样沟通，来解决两人之间的问题呢？

首先，在发现一方有外遇时，另一方应该正视这个问题，不需要装聋作哑、自欺欺人，那样可能永远无法面对婚姻中的真正问题，就无法从中寻找解决之道。要勇于表达出来，好让对方了解你因这事受到的伤害，否则，他（她）可能因为不明白自己给对方造成的伤害，重蹈覆辙。但是不要大吵大闹。因为只有自己平静了、坦然了、从容了，才能有积极的行动拯救对方，拯救婚姻。

其次，最好是要压抑住自己过于情绪化的反应，去表达愿意了解对方的意愿，比如用以下这些开场白："知道这事后，我很惊讶，想听听你的想法。""说实话，我这几天都很难过，你能不能告诉我，你对我们的婚姻有什么想法？""你一直是我最爱的人，你对我的看法呢？"这些话可以引导两人走上沟通之途。而下面这些开场白虽然看似解气，却可能使事情越来越糟："你这个忘恩负义的东西，我到底哪里对不起你？""你怎么可以这样对我？""我哪里不如他（她），你说？！"这些富有攻击性的开场白只会激怒对方。而当一个人情绪受伤，理性的沟通能力就被抛到九霄云外了。因此，如果真的有心沟通，就不要剑拔弩张，来势汹汹。

接下来，在两个人讨论的过程中，要把焦点放在彼此的关系上，试着去了解原因，以便决定最合适的下一步。这时候，可以问以下这些问题："你觉得在我们的关系中缺少了什么，才使你转向别人？""我要怎么做，会让你比较愿意回家吃晚饭呢？""你希望我在你心情不好的时候，做些什么呢？"只要对方仍然想要维持两人的婚姻，并积极修复两人的关系，那么随着时间的推移，两人的感情仍然存在着很大改善的可能，最要紧是要给爱人更多的关心和重视。

总而言之，外遇是每个人所不希望的，但是外遇发生后，重要的是不是报复对方，而是如何妥善解决，亡羊补牢。沉着冷静，良好沟通，这才是对待外遇的基本态度。冷静下来后，再找适当的时机和对方一起探讨，纠正你们对婚姻生活共同的误区，然后一起用实际行动来改善，和爱人重新开始，再去圆圆满满地经营婚姻。

斩断旧情，新的幸福才能上路

人活一世，能否将沿途所有的美景尽收眼底？能否将世间所有的珍品都收归己有？不，不可能，大多数的时候我们常常会错过它们，但错过了就是错过了，无论你如何痛苦、气愤或者沮丧，都无济于事，而且，还会剥夺自己从现在开始重新享受快乐和幸福的可能。

尤其是感情。许多人在选定终身伴侣之前，往往要经过不止一次的恋爱，多数人都可以逐渐淡忘了过去的恋爱。但是，也有少数人即使在结婚后也无法忘记自己的初恋，甚至遇到初恋对象，还会旧情复燃。

一味地执着于过去的结果就是：不仅给自己带来伤害，同时也会给对方带来不必要的痛苦，最终会导致两个人的感情出现裂痕。

谢芳的一双儿女都上了中学，丈夫刘强也有一份很好的工作。别人都羡慕谢芳，说谢芳有眼光，有福气。其实谢芳认识刘强的时候，他除了工作认真，其他一无所有，这十几年，通过艰辛的努力，刘强的事业一路顺风。家里所有的一切都是谢芳做主，所有的家务都是谢芳包揽。近几年，两人身上的债务已还清，脾气磨合的很好，几乎不吵架，谢芳感觉自己很幸福。

没想到的是，一个电话改变了一切。那天晚上，刘强和几个同学聚会完，躲在家里阳台上打了很长时间的电话，最后一句让谢芳听到了："我想你！我喝了酒，我老婆在家呢！过几天我会去看你的！"

谢芳听了如五雷轰顶。她仔细一想，记起刘强上学的时候有女朋友，因毕业女朋友去外地工作便分手了，他和同学见面时说起了她！——他竟然还想她！

谢芳气愤之极，不知所措，追问他是怎么回事。他不说，逼急了就说："我又没和人家上床。"

从那天晚上开始，谢芳再也睡不好觉，她在心里和她不认识的远方的"情敌"一次次地对话："我丈夫和你要重续前缘吗？他是多年后第一次和你示好吗？你回应他了吗？他的电话对我伤害很大，对你呢？你们在玩火吗？你们要毁了我的家和幸福吗？"现在，谢芳的幸福感一落千丈，心里有了无法解开的结，对未来充满了焦虑和不安。

每个人都有属于自己的感情世界，这是谁都无法抹去的事实。但那只是人生中的过往云烟，谁也不能追溯到过去阻止它或者重演它，因此，无论你面对的是自己的旧情还是对方的旧情，都应该以一种理性的方式去解决它，而不是把它变成自己生活的负累。这样，"执子之手，与子偕老"就不再是童话故事般遥远了。

那么，如果发现爱人留恋旧情人，我们应该怎样处理，才可能会化危机于无形呢？

1. 你自己不必纠结于此

其实有时你自己明明知道这是个死角，可还是一鼓作气、不依不饶地要往里面撞，就像一只扑火的可怜飞蛾，拼了命要在灯光那儿折腾。明明知道这是自我折磨，但还是控制不了自己念念不忘对方的过去。这无异于给自己的命运打了一个死结，如果你自己不解脱开来，就永远得不到幸福。

心理学家阿尔弗雷德·阿德勒曾在他的作品《生命意味着什么》中写道："我们的烦恼和痛苦都不是因为事情本身，而是因为我们加在这些事情上面的观念。……意识本身可以把地狱造成天堂，也能把天堂折腾成地狱。"的确如此，放不下过去的人，就是在自己意识的作怪之下，用狭隘的思想把美丽的相遇变成了两个人的地狱。其实，我们每个人都有属于自己的感情世界，这是谁都无法抹去的事实。但"往事"往往就意味着一个地点一个时间。可时间你不能再次经历，这将意味着一切都已改变，无论是好的还是坏的都已经不复存在了。只有现在和未来才是最重要的，而这最重要的部分恰恰是你正在参与的，你还有什么放不下的呢？

2. 让爱人从"梦"中醒来

旧情人往往是"最完美"的，因为他（她）是我们情窦初开时最美的形象，是我们对异性最初的憧憬。即使那个人身上有不如人意的缺点，我们也会看成是优点。那一举一动、一颦一笑，无不映射在我们的头脑中，使我们充满渴望和幻想，而这种渴望和幻想又有几个人能忘记呢？

因此，你的爱人遇见了旧情人，难免会幻想延续一份浪漫。但现实往往事与愿违，经过时间的洗礼，爱人的旧情人早已不是当初的那个邻家小妹，但是爱人自己可能一时看不到。你的任务就是让他（她）知道那只是个梦。你可以让他的朋友适当地点醒他，让他认清幻想和现实的区别。待梦境破灭后，他自然不会再对初恋有所眷恋。

3. 营造一个温馨的家

温馨的家就如同一杯清茶，虽淡而无味，但饮后却回味无穷。如果爱人并非有心出轨，家庭的温馨会让他（她）有所牵挂，他（她）不会轻易为了过去的幻梦而放弃现在实在的幸福。尤其是双方仅仅只是对曾经初恋情感遗憾的蠢蠢萌动，还没有到关键实质性的发展，那么，你所要做的不是“大审三六九，小审天天有”，而应是坚柔并用，在明确告诉爱人不要妄想齐人之福的同时，也要一如既往地待他（她），来表现自己的大度。

另外，如果你们有了孩子，事情也会好办得多。婚姻承载的不仅仅只是爱情，还有一份沉甸甸的责任。你可以提醒爱人要在孩子面前做出好的榜样。因为顾及对孩子的不良影响，他（她）可能会放弃与旧情人再次相遇的机会。

原谅，也是爱情的一种方式

人生最大的痛苦，莫过于爱人的背叛。不过，愤怒、委屈过后，如果爱人还愿意回归家庭，最终仍会有相当大一部分人选择原谅。有的是因为孩子，有的是因为还有感情，生活似乎也恢复了平静。但事实上，这时才是真正考验的开始——背叛带来的后遗症会不时地发作。比如，曾经出轨的一方一晚归，另一方就会魂不守舍，自乱阵脚："他（她）会不会又去找那个人了？"又比如，没出轨的一方会觉得自己有了强势的话语权，从此再无地位平等之说，只要有争执，"尚方宝剑"马上拿出来："你出轨我都原谅你了，你还想怎么样？"结果可以想象，这样的婚姻维系，伴随的很难是幸福。

丈夫出轨后，李莉选择留下。虽然表面上看去一切安然无事，可她并不快乐，反而心事重重。"她也会睡在他的右边吗？她也为他解衬衫的扣子吗？"恢复同居的第一个晚上，当丈夫习惯地躺在她的左边时，李莉突然特别想知道，他和那个女人在一起也是这样吗？她无法控制自己的想象，整夜无法入睡。此后的每一夜，李莉都被这个问题折磨得没有睡过一个踏实觉，而且总是避开丈夫伸过来的手臂……

看着丈夫日渐消沉的情绪，李莉知道自己不能这样拒绝他。然而，她却无能为力。她开始有新的隐忧，担心自己一直这样“冷淡”下去，会不会给他再次出轨的理由呢？但是，自己到底该怎么做呢？

对于这个问题，相信每一个经历爱人出轨又回归之后的人，都曾经这样问过自己。在很多情感倾诉的节目中，我们也常看到一些女人因为丈夫精神或身体上的出轨而困惑、痛苦，之后便迷惘不知所措。她们放不开婚姻，做不到真正的洒脱，又不停地拿丈夫出轨的事来折磨自己，折腾得双方都疲惫不堪。

毋庸置疑，背叛一定会有后遗症。从爱的平衡的角度看，作为受伤害的一方，也可以做一些回击，以便保持双方付出与接受之间的平衡。但这并不代表你可以一提再提，翻来覆去没完没了。如果你得理不饶人，生活中常常摆出一副高高在上、清白无辜的姿态，而不是根据爱的需要适当地“报复”对方时，就不可能得到平衡，情感就会面临威胁。

其实，伤口的愈合，除了需要时间，还需要心智。很多时候，爱人做了错事，就像是不小心掉进了一个坑，地位一下子比你低了很多。如果他（她）自己不想办法主动从坑里爬出来，或者你始终将他（她）踩在下面，不让他（她）爬出来，那么，两人就无法像以前那样平等对话、平等相爱。等级地位悬殊的人何谈“爱”呢？这样，只会让丈夫和妻子都有一种别扭的感觉。得饶人处且饶人，允许对方从坑里爬出来，以平等的地位和自己对话、相爱，而不是让他（她）长期背负罪责低头生活，这才是一个聪明之人修复婚姻的智慧之处。

现实生活中，没有出轨的一方，可以通过以下几点，使双方重新以正常的心态对待婚姻。

1. 放下心里的重担

既然你已经决定了要把婚姻生活继续下去，而爱人也表示了想要回头，那么，就要给自己和对方留一条后路，不能揪住把柄不放，天天在爱人耳边念叨他（她）曾经犯过的错误。要学会对爱人包容一些，同时也要让对方知道你对他是宽容的，有意识地提醒爱人要珍惜你这次的包容，让他（她）不再有下一次。但要注意不要给他（她）太大压力，否则很可能导致他（她）再一次出轨，甚至导致婚姻的失败。同样，也不能让这件事成为你们之间不能触碰的“雷区”，坦然面对则是最好的方法。

2. 重新建立起信心

“一朝遭蛇咬，十年怕井绳”，这的确是人的固定心理模式，但是你可以改变。在婚姻中，既然你选择了原谅犯错的爱人，就要重新建立起信心，用信心督促他（她）改变。更重要的，你的信心才是你们幸福的保证。这个信心，既包括对爱人的信心，也包括对自己的信心、对爱情和家庭的信心。显然，在“要继续一起走下去”的大前提下，相信自己、相信爱人，才是积极而明智的选择。

3. 给双方一点时间

时间是最好的疗伤药。很多时候，当下那个我们以为迈不过去的槛，一段时间之后回过头看其实早就轻松跳过；当下那个我们以为撑不过去的时刻，其实忍着熬着也就自然而然地过去了。时间它最大的魔力就在于让人在一切已知的和未知的困难面前都毫不担心，莫名地相信它会给一切事情一个最美好的答案。面对“出轨后遗症”也是一样。一般来说，要恢复或者说重新建立婚姻的幸福感，大约需要半年到两年的时间，只要你有足够的耐心，一定会走出爱人出轨的阴影，收获到最后的幸福。

4. 珍惜努力的过程

在“爱人出轨的时候婚姻是否随之破裂”的“大”矛盾淡化下去后，一定会涌现出更多新的矛盾，这时，需要你们双方及时面对和解决。在这个过程中，你应该珍惜每一个可以努力的细节，因为这毕竟是一个好的开始，通过它，夫妻双方可以再建鹊桥。比如，可以让爱人和自己一起做饭洗衣服。虽然你可能会觉得自己做更方便，对方笨手笨脚地帮不上忙，但这样细微的家庭生活交流是一种不错的粘合剂。爱人笨手笨脚没关系，这可能给你们带来开心的欢笑。而且不要忽略牵手、拥抱的作用，这种亲密能潜移默化地消除心理上的阴影，同时也让爱人感到你的努力。

总之，你要想维持自己这段婚姻，就要学会原谅。没有必要不断重复你受到的伤害，这无疑是在唤醒不愉快的记忆；不一定要爱人认错检讨才能让你感到平衡，这样的“沟通”只会让他（她）更加远离。你应该关注的是如何给对方弥补的机会，并让彼此在这段时间里互相体谅，尽可能地加深感情。

让我们“执子之手不相疑”

爱人之间最重要的是什么？有人说是爱，有人说是包容、理解，有人说是付出。其实都不是，最重要的是信任。一位婚姻心理学家在接触了很多夫妻情感问题的案例之后，就得出了这样的结论：即使他们前来求助的原因不一，比如感情不和、家庭矛盾、婚外恋，但其中有很大一部分问题是由于缺乏信任造成的。

信任之于爱情，就好比空气之于生命，阳光之于鲜花。没有它，苦恼、矛盾、压抑、愤怒会一股脑地充斥其中，爱情和婚姻的悲剧也就拉开了序幕；有了它，纵然岁月流逝，激情不再，我们仍然相信，有一个人可以陪着自己，携手走过风风雨雨，共度一生。

在这个方面，列宁和克鲁普斯卡娅就是我们学习的榜样。

列宁和克鲁普斯卡娅结婚后，订了一个公约：“互不盘问。”后来又加上了一条：互不隐瞒。这两条其实不矛盾。互不盘问，就是信任对方，不盘问对方的行踪；而互不隐瞒就是不需对方盘问，自己主动向爱人报告自己的行踪、想法，达到交流感情的目的。有了互不隐瞒就不必盘问，不盘问双方之间就有了信任感和被尊重感，这些都有助于感情的融洽和家庭的和睦。

只有信任，爱情才会越来越甜蜜；只有信任，爱情才会度过一个又一个的难关；只有信任，爱情才能天长地久。

然而，当今时代，生活节奏日益加快，工作竞争空前激烈，越来越多的夫妻忙于应付各种琐事疏忽了交流，夫妻成了“周末夫妻”，家庭也成为了“空巢家庭”。尽管爱情还在，但是双方都会感觉好像缺少点什么。相信大多数人会想过：我没有在他（她）身边的时候，他（她）做了点什么呢？还有些人，在岁月流逝中逐渐丧失了对自己的信心，因此常常对爱人无端猜疑，或者听信谗言，需要不断要对方肯定对自己的爱，不停地问：“你还爱我吗？你什么时候会不要我？”在蛛丝马迹里常常试探双方的关系是否有变。

之所以会出现这些想法、做法，就是源于爱人之间不能相互信任。要知道，无论何种原因造成的猜疑，都不是一件好事。猜疑者的心理处于极度压抑的状态；而被猜疑者则感觉自己不被信任，不光失去了人身自由，还失去了起码的尊严。婚姻每多一分猜疑，就会多一分伤害。

因此，在爱情和婚姻中我们应设法克服猜疑这种不正常的心理。

首先，要尊重客观事实，克服主观想法。

一些人在婚姻生活中之所以常产生猜疑心，一个重要的原因就是思维方法上主观臆想的色彩太浓，无根据地加强心理上的消极自我暗示，这自然是不好的。解决的方法就是：当你对爱人的怀疑越来越重的时候，要尽力提醒自己“刹车”，想办法加上一些“积极的想法”，如“也许是我弄错了”，“她也许不是那种对爱情不专一的人”，等等，以打破自己的怀疑。条件允许时，可做一点调查，以澄清事实真相。

其次，不要轻信传言。

爱情中不少猜疑都是由别人的闲话引起的。例如莎士比亚所著《奥赛罗》的主人公奥赛罗，就是因为发现自己第一次送给苔丝狄蒙娜的礼物——一方绣着草莓花样的手帕，在另一个男子的屋里，便断定妻子是“人尽可夫的娼妇”。在谗言的挑拨下，猜疑之火遮蔽了他的双眼，狂怒中他亲手杀死美丽、贞洁的妻子苔丝狄蒙娜，酿成了千古悲剧。所以，对于别人的闲话要分析。应该看到，生活中“长舌妇（夫）”确实有，即使有些亲朋好友出于好心，向你通报你爱人的外遇情况，也不能一听就信，因为很难保证这些情况中没有失真的成分。

再次，遇到什么事情，冷静、沟通。

如果你希望自己的婚姻幸福，就要给对方多一点信任，少一点计较与猜疑。遇到什么事情，你可以坐下来和对方心平气和地谈一谈，这才是明智的解决问题的方法。人在猜疑的时候，容易为封闭性思路所支配。这时，自己需要绝对的冷静和克制。冷静分析以后，仍然难以解除猜疑，那就应该及时交换意见，从而开诚布公地听听对方的解释。有了猜疑却长期闷在心里，就会越想越气，爱人却感到莫名其妙，结果既解决不了问题，还可能使矛盾进一步扩大甚至恶化，于人于己都不利。

人们常说：“长相知，才能不相疑；不相疑，才能长相知。”这话是很有道理的。爱人之间只有做到襟怀坦荡，开诚布公，才能相互信任。有了这个牢固的基础，猜疑心自然会烟消云散了。

最后，还要注意纠正自己的问题。要消除疑心，自己要先走得正、站得直。有猜疑心的人，有时候是因为自己有不够检点的地方，生怕别人背后议论自己，以至疑心重重。譬如有的人自己与其他异性有了暧昧的情感，就反过来怀疑爱人是否有外遇，成天疑神疑鬼，其实是以己之心，度人之腹。

另外，猜疑的一方，固然是卑俗的，而轻易做出容易引起对方猜疑事的另一方也是愚蠢的。所以信任是需要条件的，是需要夫妻双方共同努力的。对于已经建立起来的相互信任，相爱着的双方也应加倍珍惜，极其谨慎地去维护。守住信任，才能守住自己的爱情，守住自己的婚姻，守住自己的幸福。

第七章
两个人的爱，两个家庭的情

不被祝福的爱情又怎么能长久?

当一个人拥有了真正的爱情后，他（她）是幸福的，而如果得到了亲朋好友的赞许，那他（她）是无比幸福的。看美国电影，总是为里面的婚礼场景所感动，因为婚礼够美好，够浪漫，而且几乎所有的亲朋好友都很为他们高兴，真心为他们祝福。这种美好的氛围，仿佛给相爱的两个人加了一把锁，让爱情锁得更紧，不会逃开。

然而，在我们的现实生活中，也有一部分婚姻，并没有得到众人的祝福，甚至遭到了反对。其中有些人天真地认为，不被祝福也没关系，只要两个人有真爱就够了。

事实果真如此吗?

并非如此。像当年的黛安娜与查尔斯王子的婚姻，本来就遭到了王室的反对，但查尔斯执意迎娶，以为从此会王子公主幸福下去，结果还是分道扬镳。一般来说，爱情中有种“越是艰险越向前”的现象，即越是不被祝福的婚姻，结婚的那对儿越信念坚定。但也因此，双方只看到好的一面，没有考虑那么多细节，迅速结婚，上了贼船一样，好证明自己，却往往忽略许多问题。而这些问题在婚后会很快显现出来：一是之前确实考虑的不够仔细，好多忽略的问题现在都暴露出来了；二是，当你身边的人都不看好你们的时候，你也会受到影响。另外，父母反对的婚姻，虽然最后勉强同意了，但往往会遗留许多问题，比如，父母始终还是不怎么认可儿媳或者女婿，而你的爱人也可能会因为心存芥蒂，从此对你的父母没什么好感。而且，大多数人并不介意结婚前爱人对父母不够亲热，但结婚后却会责怪爱人，双方就会产生矛盾。

因此，如果你想让爱情之花开得恒久而美丽，就要努力摆平反对各方，让家人为你们的爱情添砖加瓦。

首先，认真听取父母的意见。

世界上最爱我们的人一定是父母，而我们爱的人遭到父母的反对，原因一定是父母以为对我们是好的。他们的出发点一定是希望我们可以更好。因此，我们不妨静下心来认真倾听，仔细分析，看父母反对的情况是否属实，是他们的偏激还是真的无法容忍，看你自己以后能否宽容这个问题，还是会介意，都想清楚再做决定，对双方都有益。如果父母看到了我们看不到的这个人身上的人品问题，冷静地分析给我们，而这些正是你所不了解的事情，一定要花些时间多加了解，千万不要怀疑长辈的眼光，要认真对待自己的感情，擦亮眼睛，不要一时冲动。

其次，区别可克服和不可克服的。有时候我们要在爱人和父母中做一个决定的时候，无论选择哪边都会伤害到自己也伤害到自己爱的人。所以当父母提出了反对原因的时候你要分析一下，这些原因是不是你们两个人可以一起克服的，如果可以克服，就努力去争取在一起。

如果父母是因为距离远所以反对你们的爱情，你们可以争取的空间就比较大。现在交通方便了，再远的距离一两天也能到；或者还可以把父母接过去住。但是有一个前提就是要有足够的经济能力，否则，经济压力大了，路费也可能成为缩减开支的一项。当然，还需要考虑因为爱情远离家乡，身边没有亲朋好友等适应问题；如果父母因为不能接纳你爱的人而反对你们的爱情，你们可以争取的空间是具有弹性的，具体问题还得具体分析。有时父母反对是因为了解不够，或因为某个细节就产生了片面的看法，你们需要通过更多的接触来让父母了解到更多的信息，他们的印象和态度还是有可能改变的；如果父母因为八字不合反对你们的爱情，可以争取的空间比较小。一方面是难以说服父母，另一方面就是当事人也有可能被这样的算命结果所催眠，对未来的婚姻幸福丧失信心。

再次，打好持久攻坚战。

如果两个人真的是相爱，那么就做好打持久战的准备。不要和家人有冲突，但也别分手，然后多孝顺父母不要让他们生气，并且有机会就给父母做开导，必要的时候搬动亲戚或者父母的挚友来劝说，用舆论给父母压力。

其中，用真爱感动父母是很好的攻坚战术。在父母眼里，年轻的爱情是经不住考验的，而如果你们真心相爱，就要先告诉父母你们的决心和在一起生活的美好愿望，用事实证明，你们是快乐的。在开放而民主的当今世界，有哪个父母还能阻止子女的快乐吗？当然，这个过程中也要准备好如何与父母接触和沟通的方方面面，才能得到父母长久和会心的许可。

有必要的时候，还可以在自己的爱人和家人之间互通友好，帮助双方建立好的印象，来采取投其所好。这样可以缓解父母对爱人的强烈反对，也可以缓和气氛，为以后做好铺垫。

另外，还要换个角度来看待父母的反对。因为有时候父母的条件就是一种考验。父母有时候真的是希望儿女能够过上更好的生活，而有的时候，父母的一些所谓的刁难的考验，也是对儿女婚姻和感情的一种挑战，当你觉得这些都不是问题而且两个人可以共同努力和克服，非对方不娶或者非对方不嫁的时候，父母最后还是会妥协的。

最后，还要特别注意一点，就是不要冲动和不理智。在“摆平”反对意见时，关键要做的一定是冷静的分析和想办法来解决双方的问题，争取达到父母的条件和要求，也要一边和父母沟通，争取赢得父母的妥协，真心地表明两个人要在一起的决心。千万不要选择过激和不成熟的行为，来伤害自己的家人。

和睦，是在妥协和让步中获得的

嫁给一个你很爱的人，而同时对方也很爱你，那是不是就意味着你会有一个幸福美满的婚姻呢？回答是否定的。虽然你嫁给的是一个人，但是最终你是和他甚至他身后的社会关系生活在一起的。这里就有一个敏感的人物，那就是婆婆。婆媳关系处理得好，婚姻的幸福不在话下，但是处理不好，就好比影响夫妻感情的定时炸弹，随时威胁你的婚姻幸福。

当然，让婆媳之间完全没有矛盾是不可能的，你能做的就只能是尽量磨合，试着找到婆媳相处之道，而宽容就是使双方平安度过“磨合期”最好的润滑剂。要知道，家庭的和睦，一定是在妥协和让步中获得的。

让我们看看希拉里的真实经历吧。

1973 年 6 月的一个傍晚，希拉里终于与她的婆婆见面了。她的婆婆弗吉妮亚早已经化好了精致的妆容坐在花园里等待克林顿和她。几乎是一见面，弗吉妮亚就对希拉里产生了偏见，她看不惯素面朝天，穿牛仔裤和 T 恤的希拉里。

在其后的很长一段时间里. 弗吉妮亚都“歧视”希拉里。不过希拉里并没有因此而愤怒或者抱怨，没有像大多数女人一样和婆婆争吵。她知道，这样不仅不能让情况有所改善，而且会使自己的处境更糟，同时也会使丈夫陷入两难之中，使整个家庭陷入混乱。在相处的时间里，希拉里尽量调试自己去适应婆婆，并且处处都给予婆婆足够的尊重。最终以诚心和耐心感动了婆婆。在她的回忆录《亲历历史》中，她写道：“最终弗吉妮亚和我渐渐学会了尊重彼此间的分歧，并建立起深厚的情谊。我们都想通了，对于两个同样深爱比尔的人来说，求同比斤斤计较更为重要。”

由此可见，婆媳关系的和谐虽然并不容易，但也并非不能。只要大家本着互相信任、互相尊重、互相爱护、互相关心、互相宽容忍让的态度，是会相处融洽的，如果同时再加上家庭其他成员齐心协力促使其向良性的方面转化，婆婆与媳妇之间一定会产生出真诚的爱，整个家庭也会更加和睦幸福。

然而，现实生活中，女人却经常会犯一个致命的错误，就是常常因为丈夫听婆婆的话、孝顺婆婆而嫉妒。其实，每位父母养育儿女都不容易，我们为子女者尽孝道也是应该的。女人不必过于计较男人的心更偏向于谁，毕竟母子情深，血浓于水。我们不妨在守着婆婆的时候多说一下老公的好，守着老公的时候多讲一下婆婆的善解人意，要相信，一个融洽和谐的家庭才是最幸福的。

具体来说，婆媳关系若要相处的好，就要做到：

1. 调整心态

先调整自我的心态，这是处好婆媳关系的第一步。

要知道，父母为了把子女抚育成人，付出了大量的心血，倾注了大量的爱。但是，一旦儿子结了婚，组建了自己的家庭，做母亲的便会感到感情上受到了冷落，难免会把怨气倾泻在媳妇身上。而且，在旧社会里，“多年的媳妇熬成婆”，媳妇受尽了婆婆的欺负，可现在婆婆却正好相反，所以她才会把你视作“竞争者”，潜意识里会对抗你的“入侵”。而这些，正是她心虚、敏感的表现，由此，她才会和你斤斤计较，不肯示弱。

因此，任何时候，你尽可以大度一下，低下你高昂的头，表现出你已经服输，等到婆婆心气顺了，想必她也不会真的和你没完没了。

2. 培养情感

你无法拉拢你的丈夫站在你这一边，那就尽量培养与婆婆之间的感情吧。

在与婆婆的闲谈中，你可以了解到她所感兴趣的事物，清楚她的习惯和价值观，从而加强你对她的了解。或者闲暇时，挽着婆婆的胳膊，偶尔在她耳边说个小笑话，或不自觉地用手臂环住她的腰，开怀地笑一下。这些很小的动作都能增进彼此的感情，而且比使用过多的语言交流更有效。当然，经常不定期地送给婆婆一些小礼物，也是不错的情感沟通方式。相处久了，你的婆婆就能感受到你给她的一份体贴和照应。

3. 统一战壕

一般来讲，婆婆很容易把媳妇看成“编外人员”，而心生隔膜，所以为了使婆婆早日接纳你，你必须要“更高、更快、更强”地灌输给婆婆一些“迷魂汤”，全方位地使她感受到你甚至比她亲儿子还要向着她。这是婆媳相处的重要一招，百试不爽。当然，这需要一些高智商和一点大胸襟。你要坚决做到任何无伤大雅的问题都是婆婆有理，比如说，坚决拥护婆婆的营养方案，坚决不让富态的婆婆吃减肥药。由此，自会营造出一种亲近、融洽的气氛，使婆婆感觉到你就是他们中的一员。

4. 走为上计

如果你的丈夫恋母情结十分严重，而婆婆又实在难以相处，那么，三十六计走为上策。如果条件允许的话，你们可以搬到离他父母稍远的地方，不接触婆婆便不会发生争执了，也不用担心丈夫会偏向母亲了。

说到底，婆媳在一起生活面对的都是芝麻粒大的小事儿，出现摩擦何必较真儿呢？斗来斗去还不都是一家人。做媳妇的放低点姿态，用妥协和让步化解跟婆婆的小矛盾，并不是什么丢人的事情，更不会有损失，相反还能换来婆家人的更多疼爱，很划算！

做好“双面胶”，不受夹板气

家庭生活中，最重要的是婆媳关系，它会直接影响整个家庭的气氛。但是，最难相处的也是婆媳关系。中国人有句俗语：“十对婆媳九对不和。”它既不像夫妻那样有亲密的姻缘关系，又不像母子那样有稳定的血缘纽带。它实际上是一种通过儿子、丈夫这个特定的双重角色，而发生的间接“血缘—亲缘”关系。婆媳关系同其他直接的家庭关系比较，天然的“内聚力”——“爱”明显地降低，在客观上导致了婆媳关系难以相处。

从这个意义上来说，男人，在婆媳关系出现矛盾时，绝不应该做束手无策的“夹心饼”，而应该成为左右逢源的“双面胶”，充当调解矛盾的主角。

听听下面这个聪明男人的自述，或许你会受到启发：

我结婚前就已经让老婆做好思想准备，肯定要和老爸老妈住在一起。因为他们人到中年才有了我这么个宝贝儿子，如今年事已高，当然要指着儿子了。

果然，婚后不久，爸妈便从南方老家搬进了我们的新家。刚开始，老婆觉得太别扭了。最让她难以接受的是，每天晚饭至少要吃两个钟头，两位老人闷了一天，终于见到儿子，便有说不完的话。起初爸爸妈妈他们还经常回南方走亲访友，我们还有两人单独在一起的时候，后来我们的两人世界彻底结束，四人世界对老婆来说就是一种挑战。

有一次，我们一家人商量，要去公园玩。尽管我和老婆已经去过那个公园无数次了，但为了讨老人欢心，那天她还是表现得特别热情。不巧的是当晚她接到一个电话，到一个客户家谈到半夜。

第二天，她一觉醒来，已经10点多。我已经起来了，正在卫生间洗漱。她爬起来，发现妈妈满脸阴云又十分克制地摔着碗碟。毫无疑问，这股怨气是冲她来的。从没见过这种阵式的她只好跟在妈妈身后一个劲儿地赔不是："妈，您消消气，咱们马上出发去公园，还来得及。"妈妈没说话。她悻悻地回到卧室，坐在床上掉眼泪。我走进房间，"你躲到哪里去了？"她低声质问。"我知道你受委屈了，别伤心，我跟我妈说说去。"我赶紧好言好语安抚一番后，便像个包青天似的，一脸严肃，找妈去了。我对妈说明了情况，左哄右哄，她的气消了，于是没过一会儿，妈妈过来了，搂着媳妇的肩膀说："我不知道你昨晚睡得那么晚，是我错怪你了。一家人有什么话都应该说清楚了，对吗？"事后，她问起我，为什么明知婆婆在为难她，一开始不出来"主持正义"？我回答："那时候跑出来不是找死吗？我向着谁合适？最聪明的领导不会直接去给下属劝架，而是要善于沟通下属间的关系，我就是咱们家这样的领导。既然让你们因为我而成为一家人，我当然有义务让你们和平相处了！"

之后，我还利用各种机会定下不成文的家规，比如，这次风波之后，家里便有了"民主"气氛，有什么事尽量都摆在桌面上解释清楚，省得留下疑问，造成互相猜疑的现象。我觉得，现代家庭中夫妻关系是最重要的，因而由公婆做“家长”显然已不合时宜，做老公的应该认识到这一点，并勇于承担责任。

在家庭生活当中，几乎所有的男人都会遇到类似的矛盾，如果你也有能力用成熟的方式来解决自己和母亲或者自己和妻子之间的问题时，就可以促使母亲和妻子的沟通尽可能顺利。

然而，现实生活中，有更多的男人依旧非常迷茫：“我也想为创造和谐的婆媳关系尽一份力，可是我究竟应该怎么做呢？”下面这些小窍门或许可以帮到你：

1. 了解

俗话说“知己知彼百战不殆”，一定要充分了解妈妈和媳妇的脾气喜好，为更好的调和婆媳关系打下坚实基础。

2. 智慧

当一个有智慧的“传话筒”：报喜不报忧，一定要报忧也要婉转一点，必要时可以学会一些“善意的谎言”。实在学不会，就要真诚一点，至少会触怒一方的话千万不要说。

3. 公正

当婆媳出现矛盾需要调和时，在裁决过程中一定表明你公平公正的立场，千万不可偏袒，不仅失去公信力，说不定还会使矛盾恶化。最聪明的做法是要勇于承揽责任，把可能发生的矛盾尽可能地化解在自己身上，这样，一般就不会造成双方直接的冲突。

4. 细节

不妨时常在一个女人面前提及另一个女人的好处，也可以自己买点小礼品给其中一个女人说是另外一个女人送的，让她们了解你是很爱她们的，聪明女人是会爱屋及乌的。

5. 爱

没有什么比你的“爱”更能调和婆媳之间的问题了，孝顺妈妈（不要愚孝），爱护媳妇（不要偏袒）；既然两个女人都给了你无私的爱，那你也同样要用无私的爱来回馈给她们，用你的爱牵起这两个爱你的女人吧！

当然，聪明的男人，还是尽量不要让媳妇和妈妈住在一起。两个家庭之间保持一定的距离，以超然、独立、关心而不干扰的态度相互对待，不试图了解对方的每一件事、每一个想法，尊重对方的某些习惯，不强求一律，不试图改造对方。这看上去有些冷漠，但往往可以减少许多无谓的冲突，增进感情的亲密度。你也就不用再受“夹板气”了。

所以，男人们永远要记住：一等男人调和，二等男人逃避，三等男人受气，四等男人加入战队。只有在婆媳关系中成为一个一等男人，才能让家庭安宁祥和，美满幸福。

毋分彼此，爸妈都是一样的

夫妻两个人如何对待对方的父母，这是家庭生活中很重要的部分。不少夫妻因能正确处理这个问题，家庭生活总会奏出和谐而欢快的乐曲；有些夫妻因对这个问题处理不当，家庭生活常会迸发出嘈杂而烦人的噪音。

玛丽安和她的丈夫是在孩子3岁时搬到佛罗里达州的。来到这里后，他们的经济收入明显比之前好转了许多，可是，双方老人也因年龄的增高，身体健康每况愈下，成了玛丽安夫妇的拖累。

关于赡养老人，玛丽安很想得开，她知道这是做儿女的责任，所以，平时需要他们出钱时，她从来没有犹豫过，尤其是对待公婆，更是让丈夫说不出一个“不”字。

后来，玛丽安的婆婆被查出癌症晚期，住了一年的医院，她丈夫回去4次，但也未能挽回婆婆的生命。一年里，她丈夫每次出行，玛丽安都给他带上足够的钱，基本上丈夫说带多少就给多少，有的时候不够了，玛丽安还会把钱如数汇到丈夫的卡上。玛丽安说：“我相信他不会乱花钱的，他要钱一定都是有用的。”婆婆对玛丽安也是非常满意，临终还交代儿子要好好待她和孩子。

玛丽安的丈夫对妻子也深怀感激，虽没说过什么，但他都记在了心里，一有机会就会加倍地回报妻子给予自己和家庭的贤惠、懂事、理解和支持。

去年，玛丽安的父亲在洗澡时不慎滑了一跤，摔断了股骨，玛丽安的丈夫先得到的消息，他没有通知玛丽安就给岳父汇去了3万元，给岳父换了一个最先进的人造骨头。同年，老爷子病逝，玛丽安的丈夫得到消息后马上订了全家的机票，还嘱咐玛丽安带上足够的钱回家奔丧。玛丽安的丈夫还主动提出给岳父买公墓，钱全部由他们夫妇来出。

可见，关爱孝顺你爱人的父母，其实也是你对爱人表达爱的一种方式，这样更能促成家庭关系的和谐与稳定。

实际上，已婚的人孝敬、赡养双方父母也是天经地义的事，作为儿媳，你就应该把公公婆婆当成亲生父母一样看待、尊重、照顾，作为女婿，也必须像亲生儿子一样孝敬、赡养岳父岳母，绝不能有“父母大于岳父母”的观念。

然而，现实生活中，有的人对自己的父母、兄弟姐妹好，对爱人的父母、兄弟姐妹就另眼相待。给自己的父母生活费每月几百元，给爱人的父母却几十元，甚至分文不给；自己的兄弟姐妹结婚办喜事拿彩礼几百，甚至上千元；爱人的兄弟姐妹结婚只有一两百元。这种做法是不妥当的。

当然，也不是说要搞绝对平均，但至少应说得过去。在亲属之间人为地搞“亲”和“疏”，会造成家庭不和、亲属不满，而闹出矛盾，出现纠纷。这个问题注意到了，在处理亲戚关系问题上可能会游刃有余；忽视了或处理不当，将会造成亲戚之间的关系破裂或疏远，于己、于亲戚都不是一件好事情。

另外，还有一些人与爱人的家人处得不好，并不是因为他们不够努力，而是因为他们太努力——他们努力使自己适应对方，结果往往把自己搞得筋疲力尽，而人一旦筋疲力尽，就容易恼羞成怒，自然就难免说出点难听的话，结果他们之间很容易就弄得恩恩怨怨，风风雨雨。其实，只要我们怀着一颗平常心，把爱人的父母当成自己的父母对待，相处起来就自然、和谐多了。

那么，在对待双方父母的具体问题上，夫妻应该怎样去协调呢？

送礼问题：过年给“你爸妈”、“我爸妈”送礼，到底怎么送才叫公平，这是几乎所有夫妻都关心的问题。不少夫妻就是在“你家”、“我家”的分歧中，走向分手的。最简单的方法是：送双方父母一样的东西，一样多的钱。而且，无论是平时尽孝还是春节送礼，聪明的人都应该在自己爸妈面前突出对方的贡献、给足对方面子，既有益于夫妻感情，更能让老人满意放心。当然，最关键的还在于一点——只要结了婚，就别分那么多“你我”。

回家问题：手心手背都是肉，双亲都有浓厚情，“过年回谁家”，当然应该得到一视同仁的亲和爱。所以，为了让这个问题得到圆满解决，还是应该坐下来心平气和地商量一下，最好的方法是轮流。当然，也要看看双方老人、双方家庭，哪个更需要“马上关心”，哪个可以“延迟关心”、“年后关心”，比如可以将老人的健康状况、心理承受能力、有没有兄弟姐妹、需不需要早点回家帮助老人干活等，当做参照物，进行综合衡量，哪家需要，就先回哪家，通过协商谦让、相互体谅，将这个问题解决好，不伤和气，过一个其乐融融的“精神大年”。

孩子问题：四个老人抢带一个孩子，这可是越来越多的家庭现象。如何才能兼顾到各方的感受而不伤和气？做到下面四个原则即可。一是共同参与原则。无论以谁带为主，万不可避开任何的一方。定期或不定期让其他人参与进来，共享天伦之乐。二是利益最大原则。即一切以有利于孩子为准则。比如，谁有时间谁就带，集中精力带孩子当然比边工作边做事带小孩更好，还有谁身体好些谁带多些。三是不带偏见原则。在主观思想上不能有明显的偏颇，特别是作为城里出身的一方不能歧视乡下的老人，认为乡人老人不会带小孩。老人都是过来人，完全知道怎样爱孩子疼孩子。四是家庭和睦原则。在处理问题的时候要时时刻刻牢记家庭和睦的主线，争抢着带孩子的目的本来也是为了孩子好，为了家庭好，而不要在不知不觉进入为了争孩子而争孩子的斗气误区。

当然，问题不止这些，但只要夫妻双方都能够做到：对待双方父母一视同仁，同等对待、用心关爱，就能进一步增进夫妻关系和感情的融洽，同时也可以减少很多不必要的磨擦。

爱人爱人，更爱对方的亲人

一个人是不可能从与社会的千丝万缕的联系中分离出来的，如果爱人双方都只局限于爱一人，就好像说喜欢你的眼睛，不喜欢你的四肢，把四肢割掉，怎能不带来伤痛！

因此，当你爱一个人时，就一定要善待对方的家人。

艾玛结婚后是和公公婆婆分开住的，艾玛的丈夫是家里的长子，还有一个弟弟和一个妹妹。虽然分开住，但是艾玛会和丈夫每月回婆婆家一趟，一大家人一起享受一顿丰盛的晚餐。有的时候丈夫忘记了艾玛还会提醒丈夫要回婆婆家，有的时候丈夫忙于生意应酬没时间回婆婆家，艾玛也要买上大包小包的东西去婆婆家看看大家。

除了孝敬丈夫父母的东西，每次艾玛回婆家都会为丈夫的弟弟妹妹带点礼物，有时候是一顶帽子，有时候是一本漂亮的笔记本。甚至艾玛还会偷偷塞零花钱给他们两个，两个人对这个嫂子喜欢得不得了。

随着丈夫事业的成功，艾玛婚姻上出了一点问题，丈夫有了离婚的想法。艾玛忍不住到婆家哭诉，婆婆把艾玛留下住，弟弟妹妹也帮着艾玛，坚决支持嫂子。婆婆对丈夫说："我的儿子，你不在的日子里，是你的妻子帮你承担了照顾我们的责任。现在你要抛开她，我们说什么也不答应，我们爱这个媳妇。"

到了艾玛婚姻亮红灯的时候，反而是丈夫的家人帮她守住了婚姻。所以，聪明的人，一定要学会把自己对对方的爱延伸到他（她）的亲人们身上。

"老吾老以及人之老，幼吾幼以及人之幼"。这是老祖宗留给我们的箴言，我们应该将之发扬光大，在继承的同时更要大力发展，弘扬"爱吾爱以及人之爱"的精神。这样，我们就能够处理好亲人之间的关系。你对爱人亲朋好友的付出，其实等同于对爱人的付出，爱人因为你的付出感到尊严倍增，会更加珍惜跟你的感情和婚姻。

在对待对方的亲人上，我们可以把握下面几个原则：

1. 尊重

其实，许多爱人之间发生争吵，起因都不是丈夫或妻子的过失，而是某一方的亲朋好友。一方一句似乎不经意的批评，引起另一方的反驳，接着就引发了一场争吵。这样的争吵多了，就会影响夫妻的感情。相反，一个尊重爱人家人的人，则会给自己的生活减少很多不必要的麻烦。如果双方都能注意自己的言谈举止，避免用不合适的词语来谈论对方的家人和朋友，让爱人感受到你对他们的尊重，他（她）会在心里感激你，自然也会尊重与你有关的每个人。

2. 友好

笑容和眼神是传达友好的利器。一个发自内心的微笑，可以迅速缩短人与人之间的距离，无形中也增添了你的魅力。婚后，双方亲戚常常会因为各方面的原因，来往频繁，针对这些上门的亲友，你一定要学会微笑。每个地方的人们也许语言不相同、风俗不一样、习惯不一致，但全世界都有一个相同的共识——微笑意味着友好和放松。如果你的面部流露出真诚的微笑，这对提升你的魅力是最好不过了，因为这是一个积极的信号。

而眼睛是心灵的窗户，在与爱人的亲朋好友打交道时，也要学会用“眼睛”说话。例如，当你和对方说话时，一定要注意迎合对方的视线。如果老是东张西望，势必让人无法与你谈下去；当你与别人打招呼或问好时，要注意同时报以友好的目光；听对方讲话时，你的眼光要自然平静地注视对方，不要与对方眼神对视，也不要长时间盯着某一处地方不动，要放松一些，不然对方会以为你是在挑衅或是在愣神；不要斜着眼睛或眯缝着眼睛看人，也不要上下不停地打量别人或时不时地瞟别人一眼，这些都是不太友好的表示，会让人感觉很不舒服。

3. 关心

一般来说，人们总是可以敏锐地觉察到自己的痛苦，却对别人的难处缺乏了解。他们想不到要了解别人的需要，更不会花工夫去体会，有的甚至知道了也会装不知道，大概是因为事不关已，便高高挂起了吧。如果你可以关心帮助爱人的亲友脱离困境，那么你的体贴就会像和煦的阳光一样温暖别人的心。比如，当丈夫的姐姐身患重病时，你要记得多去探望，谈一谈她关心的或感兴趣的话题；当妻子的弟弟遭到挫折或受到打击而心情沮丧时，你要去多鼓励鼓励……你的这些体贴和关心，有时不需要花费多大力气，但别人会感念在心。

4. 礼貌

与亲朋好友的交往过程中，礼貌如果能被正确运用，它就会变得很有效力。比如，受到亲友的帮助时，不忘“谢谢”二字。尤其是当对方没想到或感到未必值得感谢时，一句“谢谢”，就具有更大的力量。再比如，给亲人带来麻烦或引起别人的不快时，哪怕事情再小，也必须向对方说声“对不起”；反过来，如果是亲友向我们真诚地道歉时，我们也要体谅他，并及时地原谅他、安慰他，你可以说“这算不了什么”或“你不必介意”等等。诚心地道歉和由衷地谅解，将会使人们感受到人与人之间最美好的情感，并更加密切和珍视彼此间的关系。

此外，逢年过节也要记得问候亲戚，让他们知道，他们对你非常重要。总之，你要记住，男女两人结婚，就是两个家庭的结合，爱他，当然也就包括了你要爱他的家人。只要你拿出足够的诚心和耐心，相信一切的嫌隙都会拨云见日，只有这样，你才是一个真正的赢家，才能温情幸福地继续生活下去。

二人世界，不能因孩子而毁灭

每一对男女结为夫妻之后，感情及生活逐渐趋于稳定，此时，双方大都会期待新生命的出现，作为自己爱情及生命的见证。爱的结晶诞生之后，不但会让人对于自己所创造的生命感到惊讶与不可思议，更带给夫妻生活莫大的喜悦和乐趣。因此，许多人会说“孩子是夫妻间感情的纽带”。

不过，现实情况却是：很多原本恩爱的二人世界因孩子而毁灭。伴随着孩子的出生，不仅两个人的业余时间全被孩子所侵占，就连说个甜言蜜语也往往会被孩子的哭声打断。生活就只剩下做不完的家务活儿，到处弥漫着宝宝的奶香味和尿骚味，房间里也乱糟糟的。接下来，孩子长大一点了，又要考虑孩子的教育问题……如果长期这样下去，孩子无意中成了“第三者”，夫妻感情自然会渐渐淡漠。

其实，问题并非出在孩子身上，而是因为这些人在有了孩子以后，对待婚姻生活的心态发生了改变，对婚姻的浪漫缺乏了主动性；又或者他们将精力全都放到了孩子身上，而忽视了对婚姻生活的经营。

爱丽丝有了女儿后，不知不觉地把更多的精力放在了孩子身上。在怀孕时她曾自私地担心，女儿的出生会转移走老公所有的爱，但是后来才发现事情正好相反：

“一度，整个世界里只有一个人，就是那个我曾视为生命全部的他。可是有了女儿以后……那天婆婆发现老公的毛衣坏了个洞，我忽然意识到已经很久没关心，不，是没过问老公的一切了——不再关心他的工作是否繁重、心情是否愉悦、衣服是不是足够暖和；早上起床做饭的人由我换成了他，蹲在地上搓衣服的人由我换成了他，转着圈收拾屋子的人由我换成了他；给孩子挑选纸尿裤、买奶嘴，给我熬粥、炖汤；白天忙工作，晚上帮我照顾……就像是一个被抽打的高速旋转的陀螺，一刻不得停歇。

“没有鼓励、没有赞扬、没有关心、没有嘘寒问暖、没有思想的交流，几个月我活在我和女儿的世界里，他在我们的世界外尽心尽力为我们服务着，不知他是否感到了孤单，也许他没有那个时间理理思绪。忽然觉得他有点可怜，这个要伴随一生的人竟让我冷落了好长一段时间。

“如今我是一个妈妈，倾尽心血陪女儿成长是应该的，但我也要让老公感到因为有女儿，家更温馨、更幸福了，这才是一个妻子应做的。”

好在爱丽丝的醒悟还不算太迟。实际上，每一个孩子都是一个美丽的小天使，他们的到来应该是家庭的粘合剂，而不能成为爱情的终结者。聪明智慧、热爱生活的夫妻面对孩子的到来，会制造出更多的机会，向对方表白：“我对你的爱没有变。我爱我们的孩子，更爱你。”

首先，在家庭关系中，永远把爱人放在第一位。

家庭生活中，夫妻关系是构成家庭关系的基础。当家庭的基本关系不能和谐时，其他的关系也就无法发展好，一系列问题也会随之产生。比如，夫妻关系如果比较融洽，那么对孩子就更有耐心，能给孩子创造更加和谐的成长环境，并合力教育好孩子；而夫妻如果成天吵架，只会给孩子造成心灵创伤和阴影，不利于孩子的个性成长。因此，任何时候，都要将夫妻关系列为最重要的一部分来对待。

当然，将爱人放在第一位，并不意味着忽视其他关系的存在，时时刻刻伺候照料爱人。这样做只会适得其反。我们要说的是，你应该在意识上、在心灵深处，始终给予爱人一个至高无上的地位——任何人也不可能代替的地位。有什么事，要首先和爱人商量；没什么事，也要时时巩固夫妻感情。毕竟，一个三角形的稳固与否，底边始终起着最重要的作用。

其次，拉爱人“入伙”，共同陪孩子成长。

养育孩子是人生的必经阶段，突然间做了爸爸妈妈，家庭成员由两个变成了三个，的确不适应，这时夫妻双方都需要更宽容理解对方，好好地沟通，在磨合中对孩子的抚养问题达成共识，万不可因为一个小天使的来临成为家庭不和睦的开始。下面几个原则请务必把握：

在生活习惯上，不要因为孩子的出现而发生非常大的改变，尤其不要让孩子睡在夫妻中间，或因为怕小孩吵闹而夫妻分房；许多分工合作的模式必须要夫妻一起建立，因此不要经常一个人带孩子，有时也要让爱人有表现及参与的机会；不管多忙，都要组织家庭内部活动，或是去公园、游乐场，或是去博物馆、科技馆，或是直接在家里一家人玩游戏，既陪伴了孩子，又照顾了爱人的感受；若爱人对自己或儿女偶尔表现冷漠的态度，切忌针锋相对地指责，可以允许爱人暂时脱离，并原谅对方的适应过程。

再次，引导孩子尊重父母的爱情。

许多人认为只有父子（女）之爱、母子（女）之爱才是光明正大的，而夫妻之爱是不能登大雅之堂的——“不能让孩子看见我们怎么怎么，那影响多不好！”——这种思想是导致孩子出生之后二人世界毁灭的诱因。而在这样的观念指导下，当三个人同行时，孩子会理所当然地插入父母中间；当被问到爸爸妈妈最喜欢谁时，很多孩子会以“最喜欢我！”而引以为豪；当父母亲密谈话时，孩子会耍赖：“你们为什么不理我？”于是乎，父母马上会醒悟：“就是，不能冷落了孩子。”

为了防止这种情形发生，作为父母的我们必须要有一种正确的爱的观念：夫妻之爱是积极、健康的一种关系，为什么不能在孩子面前表现？然后教育、引导孩子尊重父母的爱情。这其实也是给孩子上的第一堂关于“爱”的课。

总之，在孩子降临之初，的确会造成许多生活上的难以适应，但只要双方能彼此理解对方的心情，并且加以整合，孩子不但不会成为夫妻关系的障碍，还会使爱情历久弥坚，亲密关系更加坚实稳固。

附 录:

爱情物语

★ 看一个男人的样貌是否是你喜欢的类型，别看约会时，他的英姿勃发，看他极度疲惫时，你是否仍喜欢和心疼他的样子。知道一个男人是否真心爱护你，别看他心情好时对你的关怀体贴，这个时候，他甚至会对乞丐友好，看他自顾不暇时，是否仍把你的感受放在心上。

★ 爱情就像织毛衣，建立时一针一线，千辛万苦，拆除时只需一方轻轻一拉，曾经最爱的人就变成了最熟悉的陌生人。这件毛衣的线头，就拽在两个人的手中，幸福还是痛苦，往往就在一念之间。

★ 爱情里心最重要：细心，可以让爱情长长久久；贴心，可以让爱情甜甜蜜蜜；用心，可以让爱情历久弥新；交心，可以让爱情温暖光亮；真心，可以让爱情喜悦充实；慈悲心，可以让爱情增加厚度。心与心的距离，可以很近，也可以很远，被爱迷惑时，不妨静下心来，听听自己对爱的需求，真心是否涌动。

★ 在茫茫人海中，爱与被爱，都是幸运的。如果彼此相爱，心有灵犀，就该珍惜每一次相遇，每一次心跳；如果是一厢情愿，或者一方已没了感觉，就放手让他（她）走，就当是过眼烟云，花开花落。

★ 真正的爱情，不是一见钟情，而是日久生情；真正的缘分，不是上天的安排，而是你的主动；真正的自卑，不是你不优秀，而是你把对方想得太优秀；真正的关心，不是你认为好的就要求对方改变，而是对方的改变你是第一个发现的；真正的矛盾，不是对方不理解你，而是你不会宽容对方。

★ 跟你绝配的爱人，并不是天然产生的。你能一见钟情的，并不代表会相处融洽。相处融洽的，不一定会忠心耿耿。真正绝配的爱人，其实都靠打磨。你改一点，他改一点，虽然大家都失去点自我，却可以成为默契的一对。相爱和相处是两回事。相爱是吸引，而相处是为对方而改变。

★ 有个懂你的人，是最大的幸福。这个人，不一定十全十美，但他能读懂你，能走进你的心灵深处，能看懂你心里的一切。最懂你的人，总是会一直在你身边，默默守护你，不让你受一点点的委屈。真正爱你的人不会说许多爱你的话，却会做许多爱你的事。

★ 真正的爱情，其目标一定是婚姻，真正相爱的两个人也绝对不会害怕婚姻。所以婚姻是爱情的终极目标，是爱情的坟墓。只有进了坟墓的东西，才会真诚相守，永不分离。

★ 当有一个对你无限包容的男人时，一定要珍惜。他不对你发脾气，不是因为他没脾气。每次不愉快都是他对你说：“对不起，我错了。”并不是因为他真的觉得自己错了，他只是出于宠爱你，让着你。不要让男人总对你认错，男人的自尊心很重要，懂得尊重男人，否则，再好的男人也会被刁蛮任性的女人吓走。

★ 爱其实就像打计程车。第一，不像公共汽车，只需等待就会自动来到你的面前，而需要你先向它招手才停；第二，如果你碰到的是空车，那就是你的幸运，但往往车上已经有人了；第三，走了多少距离就要付出多少代价。

★ 真正的爱，是接受，不是忍受；是支持，不是支配；是慰问，不是质问；真正的爱，要道谢也要道歉；要体贴，也要体谅；要认错，也好改错；真正的爱，不是彼此凝视，而是共同沿着同一方向望去。其实，爱不是寻找一个完美的人。而是，要学会用完美的眼光，欣赏一个并不完美的人。

★ 世上有两种可以称之为浪漫的感情：一种叫相濡以沫，另一种叫相忘于江湖。我们要和最爱的人相濡以沫，和次爱的人相忘于江湖。不是不曾心动，不是没有可能，只是有缘无份。能牵手的时候请别肩并肩，能拥抱的时候请别手牵手，能相爱的时候请别说分开，拥有了爱情请别去碰暧昧……

★ 你若深爱一个人，就要学会阻止自己，不要把他当成全部，不要所有的话都跟他讲，不要所有的秘密都和他分享。你投入的多了，你就会慢慢地忘记了自己，没有自我的人，在爱情里是找不到自己的位置的，惟一的结局，爱情被你抓得越紧，就逃得越远，最终只能击碎你的梦幻，让曾经的诺言，如飞花般吹散在风中。

★ 如果真爱一个人，从一开始，就不要过于依赖，否则时间久了，你就丧去了支撑自己的力量；不要凡事都为他着想，要适度考虑自己的感受，连自己都不在乎了，还有谁会在意你；不要和他挨得太近，要保持彼此间一定的距离，让你们相互能够看得清对方。要知道，爱情里必须有你的思想，你的立场，否则不会长远。

★ 一个人不管有多好，首先他是你的，才有意义。爱情到最后，不是比谁更出色，而是看谁最后能留在你身边。所以，最好的那一个，不是来自星星的他，而是来自身边的他。所谓一辈子，就是死心塌地地陪着你。

★ 相爱很重要，但相守更是一件了不起的事情。因为相爱只是某个瞬间，某个时期，某个年份的付出。而相守，则是周而复始，一年又一年，始终循环着一段爱情。偶尔闪现的爱情有什么用？可以不断重复一辈子的爱，才值得珍惜。

★ 爱你内心的人，其实并不比爱外表的人高尚多少，只是会掩饰而已。爱你才华的人，其实也并不比爱你钱包的人高尚多少，只是关注点不同。其实相爱，就是喜欢对方的某些优点，但那远远不够。因为爱优点容易，但爱一个人的缺点却难。正因为此，爱你多少不重要，包容你多少才重要。

★ 再遥远的两地，只要有个人思念你，距离就不过是考验。再强大的阻碍，只要你们相爱，困难就不过是磨砺。相爱不只是默默地付出或者承受。相爱是两个人全副武装，去面对未知的将来。不管是好是坏，不管是悲是喜，只要把生命捆绑在一起，就能坦然面对。相爱是给彼此的勇气。

★ 两个人在一起，相处和陪伴很重要，但如果贴太紧，却会让对方喘不过气。要是分开的太远，又很容易疏离。所以恋爱的最好方式，是找到一个平衡点，你们是可以在一起的，却又懂得给对方空间。我陪着你，但不粘着你。我看着你，但不绑着你。过自己的人生，但心里装满了爱。

★ 一个人是不是真喜欢你，并非听他说什么，而是看他为你放弃什么。就算嘴里说一百次爱你，却丝毫不付诸行动，那就是信口开河。就算摆出一副生死相随的样子，却一点东西都不愿放弃，那就是想蒙混过关。真爱不是随便说说，而是看你付出多少。爱情不是一张嘴，而是一辈子。

★ 一双手，要握住很容易。但要一直握下去，却真的很难。因为最大的敌人，不是外人，而是时光。时间让浓变淡，让好变坏，让深变浅。说来说去，变的都是人心，那个人，还是当初遇见的那一个吗？相爱不改，是因为人还没变。

★ 不离不弃，才是真爱。你只需要记住一件事，在感情里可以轻易放弃你的人，都是不爱你的。无论他表现出多少的不舍，表现出多少纠结和痛苦。只要是轻易地放弃了你，那这个人就一定不爱你。因为相爱最重要的一点，就是不放弃。时间会告诉我们，简单的喜欢，最长远；平凡中的陪伴，最温暖。

★ 其实人世间的挚爱，只有两件事情就可以表达。那就是当你在人生最落魄的时候，依然没有离弃你；当你已经渐渐老去再无美貌时，依然陪伴着你。这两件事情，没有一样是靠着金钱或者浪漫的。其实相爱到底，没有那么多条件可计算，无非就是六个字：忍让、相守和信念。

★ 两个人在一起生活，当然是要迁就的。但这种迁就和忍让，绝对不是单方面的。如果只是你让着对方，那不叫相爱，而只是你单恋对方。因为爱你就是对你的包容和退让。要你听话，却一丁点都不愿意让你的人，其实是吃定了你。真正的爱情，是为你忍，对你让，听你话。生命虽短，爱却绵长。

★ 有些人的爱是单线程的，当一个出现时，就会忙不迭掐断另一个。而另一些人的爱是多线程的，他们可以同时开始许多段爱情。所以，不要以为有人对你深情就是真爱。他对你是这样，对别人或许也一样。其实爱情什么样不太重要，重要的是独一无二。忠诚，才是爱情的基础。

★ 一切复杂的恋情，背后都有问题。因为最好的感情，其实是最简单的，没有出轨，没有第三者，也没有金钱纠葛。只是两个人相互喜欢，然后相处，最后相伴一生。不是这个世界太复杂，而是你爱的太复杂。千万别被纠结缠绵困扰，选一个简单的人相爱吧。爱的简简单单，才能长长久久。

★ 你想要爱人保证些什么呢？人生无常，爱情易变，许多事，当初答应的好好的，但最后又能做到几件？其实爱上一个人，是很苦的。会吃醋，会难过，会生气，会在意每一句话每一个表情甚至每一个玩笑。所以相爱容易，相处却难。越是爱，就越是在意。能让你一直开心，就足够了。

★ 一生里错过的缘分，总比得到的多。爱上的人，总比爱到最后的多。能令人感动的，永远都是过程。让你伤过痛过流泪过的，也都是过程。此刻你觉得大过天的人，明天或许只是路人。不要计较一时欢愉，而要多看将来。爱不是问题，爱多久才是问题。相爱不是问题，永远才是问题。

★ 每个人都会犯错，但错有细节性和原则性之分。譬如有些人说错话，不够浪漫，这都是细节性的错误，可以改和容忍。但如果是嫖娼、嗜赌、家庭暴力，就属于原则性错误，是一个人品性和根源的问题。细节错误是能被爱情包容的，原则性错误却只能分手。不要把一个人的坏当做特别。

★ 没有绝对正确的婚姻保鲜高招，没有对所有婚姻都管用的灵丹妙药，婚姻是否有活力，能否保鲜，最关键的不是寻求这些保鲜招数，而是心里常有这根弦，心中有了这根弦，你就会想出适合你自己婚姻的保鲜招数，夫妻就能常爱常新。

★ 分居两地的夫妻比以往任何时候都要经受更多的诱惑，有更多的情感候选对象，危机四伏，对夫妻感情是一个极大的挑战。夫妻既然由于不能克服的现实而分居两地，那么首先就要接受这个事实，其次要比其他夫妻更用心去经营婚姻。

★ 相爱是一门艺术，爱是两个人一起成长，这就必须得有交流，有交流才有了解，有了解才有更深的爱。交流必然会有争执的可能，但这不是坏事，暴露矛盾相比掩盖矛盾来说，最终更有利于婚姻和谐，沉默不是解决问题，而只是隐瞒和回避问题。

★ 夫妻间彼此相爱着，彼此忠诚着，这是最基本的要求，首先必须做到，但婚姻质量的高低更多地体现在生活的细节上。细节问题解决起来并不难，关键是不要视而不见，更不要见而不管。

★ 面对不幸的婚姻，我们首先要做的事是放弃战争，当然也不奢求马上回归甜蜜，而是要彼此静下心来好好想一想。没有思考就没有行动，也就不可能找到解决具体问题的钥匙，因为自已想要的东西和婚姻的细节永远只有自已最清楚，解决问题的钥匙最终是握在自己手中。

★ 当我们怨天忧人抱怨婚姻的乏味或不幸时，其实我们都在犯着同一个致命的错误，那就是：我们将婚姻不幸的根源指向婚姻本身而非我们自己，这真是一个天大的误区，也是我们的可悲之处。是谁制造了不幸的婚姻？是我们自己，幸与不幸，全在自己。

★ 忠诚是婚姻关系的底线，一旦冲破，就有可能会打翻婚姻这条船，伤着爱人，伤着儿女，伤着亲人。虽然很多人都明白这个道理，但是这个世界有太多的诱惑，重要的是要做到清醒心智，要学会反思自己，让自己成熟。

★ 最大的不幸是身在福中不知福，因为他不知福，也就永远不幸福，至少不是最幸福；而最大的幸福是身在福中而知福，因为知福才能享福，知福才是有福人。所以，不要放过生活中每一个简单的细节，不要无视婚姻中每一次平凡的感动，做身在福中而知福的人。

★ 婚姻就像一个魔盒，它改变着婚姻中的男人和女人，而这种改变倒不是婚姻本身起作用，恰恰是婚姻中夫妻自己在改变自己，也就是说男人女人通过婚姻这根纽带有意或无意地在改变着自已。

★ 婚姻必须切实平淡似细水长流，平淡才能长久，细水才能长流，但平淡不等于无味，细水不等于完全波澜不惊，否则就是走入婚姻的另一个极端，也是婚姻的另一个死角，淡而无味毫无新鲜感才是婚姻最大的致命伤。

★ 结婚后夫妻最大也是最重要的变化就是婚后夫妻不再相互

欣赏。具体地说就是，无视对方的优点，没有赞美，没有表扬，更多的是挖苦和讽刺；无视对方为自己所做的一切，认为一切都是理所当然，没有发自内心的感恩。

★ 没有不幸的婚姻，只有不幸的夫妻。一对对恋人怀着对婚姻的无比美好的憧憬走入婚姻的殿堂，可最终他们却失望了，于是他们责怪婚姻，说婚姻是爱情的坟墓，而其实真正要怪的是他们自己。

★ 一生中，总有一个人，老是跟你过不去，说你不够勤快，比不上别人温柔，批评你乱花钱，嫌你不会打扮，你简直一无是处。可就是这个人，用他的勤劳滋养着你的惰性，用他的坚强呵护着你的浪漫，用他的所有填补着你的欲望，用他的忠贞护卫着你的美丽。于是，你慢慢不在意他说什么，而是坚定地跟他过下去。

★ 一个亲吻；一个拥抱；一个电话；一个肩膀；一句爱我；一次约会；一碗鱼蛋；一盒便当；一趟海边；一场大雨；一个寒冬；一个炎夏；一条马路；一次小吵；一程公车；一直挽手；一直信任；一直包容；一直了解，一个你，一心一意。爱就是这么简单。

★ 你问："如果只有爱情，没有了自己，会不会太沉重？"如果只有爱情，没有了自己，那不是重或轻，而是卑微的空白，你终究会失去那段没有自己的爱情。你不可能一直苦苦收起真正的自己来迁就对方。没有了自己，你还能用什麽去爱人和被爱？世上没有一段爱情值得你为之失去自己。

★ 有些爱，由心动开始。有些爱，由冲动开始。偌大的都市里，那些分不清心动还是冲动的情事，夜夜都在寂寞中发酵。如果那一夜，是情，不妨把爱留下。如果那一夜，只是欲，那请顺便把回忆也带走。

★ 恋爱是一杯茶，不能隔夜。婚姻如酒，越存越香。只是，大多数人都封不好这瓶酒，所以许多婚姻跑了气，到最后，只剩下一坛苦水，好不狼狈，你平时就要保管好婚姻的这杯酒，使其越久越香。

★ 爱情和婚姻的基础是忠诚、信任和妥协。如果一个人非常疼爱你，但却出轨，那不是爱情；一个人非常重视你，却一直不相信你，也不是好的婚姻；而两个人看起来很相爱，却都不愿为对方放弃自己的部分生活，这更不是长久的爱。忠于爱情，信任爱人，相互牺牲，这才是美满的婚姻。

★ 婚姻的纽带，不是孩子，不是金钱，而是精神的共同成长，在最无助和软弱时候，有他（她）托起你的下巴，扳直你的脊梁，令你坚强，并陪伴你左右，共同承受命运。那时候，你们之间除了爱，还有肝胆相照的义气，不离不弃的默契，以及铭心刻骨的恩情。

★ 学习，要耐得住寂寞；恋爱，要经得起考验；婚姻，要懂得维护；成长，要靠逐步地积累；成功，要受得了煎熬；做人，须经得起风雨；幸福，要懂得珍惜；烦恼，要学会忘记……

★ 即使最美好的婚姻，一生中也会有 200 次离婚的念头、50 次掐死对方的冲动。即使最幸福的工作，也会有 200 次辞职的想法、50 次撂挑子的纠结……坚持，是最好的品质。

★ 婚姻与爱情的美好，很多时候与金钱和物质无关，能够在世俗的包裹中保持其内在的品质。包裹一旦被打开，金钱和物质就会细菌般吞噬爱的肌体。于是，我们就渐渐忘记相拥的温暖，牵手的温馨，最后让爱在我们的精心计算中慢慢地死亡。事实上，越简单，越纯朴，婚姻与爱情才越绚丽，越长久。

★ 在爱情的海洋里，总有太多的波浪，我们以为爱的很深很真，其实爱的很浅很淡，一句难听的话，就会狠狠刺痛对方的心。为了不让对方受伤害，我们只有去适应爱情，好好珍惜彼此，幸福才能更长久。

★ 经常有人问：在朋友和恋人之间，你会选择哪一个？其实这个问题是多余的。真正懂你的朋友或恋人，他们会体谅你的行为，如果不体谅你，那么失去也不必太在意。朋友或恋人是要互相帮助的，而不是硬性迁就。

★ 持久的爱情源于彼此发自内心的真爱，建立在平等的基础之上。任何只顾疯狂爱人而不顾自己有否被爱，或是只顾享受被爱而不知真心爱人的人都不会有好的结局。

★ 想知道一个人是不是真的爱你，就放他走，无论什么理由，无论多久。如果他回来，就代表他是真的爱你；如果他爱上了没有你的生活，那就代表他爱的其实是他自己。有时候，撕心裂肺的痛后，泪水可以洗清你的视线，把不值得的爱，变成支撑自己的动力，你会知道自己要的到底是什么，然后要比他更爱自己。

★ 很多的情侣在恋爱当中，都希望对方如何如何对待自己，或者在单身的时候，就为对方设立了一系列的付出清单。其实，爱情就是一粒种子，只有懂得给予，才能开花结果。

★ 一个真正值得去爱、也懂得回爱的人，自然会让爱情变得简单。这样，两人之间平时不需要猜测心意，不用担心行踪；不害怕在无意之间激怒，不怀疑做任何事情的动机。即使最美好的婚姻，一生中也会有 200 次离婚的念头、50 次掐死对方的冲动。即使最幸福的工作，也会有 200 次辞职的想法、50 次撂挑子的纠结……坚持，是最好的品质。

★ 爱情就像在银行里存钱，能欣赏对方的优点，就是补充存入；容忍对方缺点，这是节制支出。所谓永恒的爱，是从红颜爱到白发，从花开爱到花残。

★ 如果你们已经在一起了，就要去努力地相信对方，不要因为一件小事就去胡乱猜疑，那样一点好处都没有，也是你对你自己不自信的一种表现，反而会让对方对你逐渐失去信心。